선형변환의 기초

황 석 윤 지

대구대학교출판부

황석윤

대구대학교 자연과학대학 수학과 교수

초판 발행 | 2006년 9월 5일
개정판 발행 | 2008년 9월 5일
지은이 | 황석윤
펴낸이 | 이용두
펴낸곳 | 대구대학교출판부
경북 경산시 진량읍 내리리 15 대구대학교출판부
전화 053) 850-8661~4 | 팩스 053) 850-5669
찍은곳 | 초록뱀디지털
홈페이지 주소 | http://dubookstore.daegu.ac.kr/
ISBN 978-89-7794-493-0-93410
값 13,000원

선형변환의 기초

머 리 말

이 책은 일반 선형변환을 이해하기 위하여, 가장 기본적인 유한차원 선형변환의 개념원리에 관한 내용들을 수록하고 있다. 구조가 간단하면서도 적용력이 우수한 선형변환은 수학응용분야에서 가장 보편적으로 활용하는 시스템의 구조이다. 이 시스템의 대부분은 연속시간함수 또는 이산시간함수 형태의 입출력을 갖는다. 이러한 일반적인 입출력의 가장 간단한 모양이 유한차원 벡터이다. 따라서, 일반적인 선형변환을 보다 잘 이해하기 위하여 유한차원 벡터를 입출력으로 하는 선형변환의 구조와 특성을 파악해야 한다. 이와 같은 개념들을 수학적으로 잘 정립한 것이 선형대수이다. 그러나 수학적으로 표현된 개념들의 원리를 직관적으로 보다 쉽게 설명한 수학응용분야, 특히 공학관련분야의 교재들이 부족한 실정이다.

따라서, 이 책은 벡터 및 행렬의 추상적인 개념들을 보다 직관적으로 이해할 수 있는 내용들로 구성되어 있어 수학 및 관련 응용분야의 기초수학 학습 및 강의용 교재로 적합하다.

선형변환 또는 행렬의 개념을 입출력에 의한 선형변환의 구조로 해석한 이 책은 향후 출판예정인 선형 시불변시스템의 선수학습 교재로 활용될 것으로 예상한다.

2008년 8월
저자

차 례

제3장 행 렬

제4장 선형변환

제5장 선형변환과 연립일차방정식

제6장 정방행렬의 선형변환

제 1 장

벡터공간

벡터공간

어떤 대상의 물리적 양을 하나의 수(실수 또는 복소수)로 유일하게 표현할 수 있을 뿐만 아니라, 임의의 수를 물리적 양으로 하는 대상이 의미를 갖는다면 이러한 대상들의 모임을 수 집합으로 일대일 대응시킬 수 있다. 이와 같이 물리적 양을 표현하는 수를 스칼라(scalar)라 한다. 이 대상의 물리적 양(크기)뿐만 아니라 어떤 특성(방향성)까지 고려하기 위한 개념이 벡터(vector)이다. 즉, 크기와 방향을 동시에 갖는 것이 벡터이다. 예를 들면 "온도가 10도 올라가다" 라는 표현은 물리적 양이 10, 특성이 '올라가다' 인 하나의 벡터로 볼 수 있다. 벡터의 특성에 따른 물리적 양을 표현하는 독립된 수의 개수를 그 벡터의 차원이라 한다. 예를 들면, '동쪽으로 $x\,m$, 북쪽으로 $y\,m$ 움직이다' 라는 벡터의 표현은 독립된 두 개의 수 x, y를 필요로 한다. 따라서, 이 벡터는 2차원이라 할 수 있다.

스칼라

벡터

벡터의 차원

1. 벡터

1.1. 벡터의 기하학적인 표현

하나의 화살표로 표현하는 벡터의 기하학적 표현은 다음과 같이 정의한다.

정의 1

(1) 시점(initial point) P, 종점(end point) Q를 갖는 유향선분을 벡터라 하고, $\overrightarrow{PQ}$로 나타낸다.

(2) 선분 PQ 의 길이 $\overline{PQ}$ 를 벡터 $\overrightarrow{PQ}$ 의 크기라 하고 $||\overrightarrow{PQ}||$ 로 나타낸다. 또한, 크기가 1인 벡터를 단위벡터(unit vector)라 하며, e 로 나타낸다.

단위벡터 e

(3) 평행이동에 의하여 일치하는 두 벡터 즉, 크기와 방향이 같은 두 벡터 $\overrightarrow{PQ}$, $\overrightarrow{RS}$ 를 같은 벡터로 정의하고, $\overrightarrow{PQ}=\overrightarrow{RS}$ 와 같이 표기한다. 특히, 벡터 $\overrightarrow{PQ}$ 의 시점 P 와 종점 Q 가 같은 경우에도 벡터로 인정하고 이를 영벡터(zero vector)라 하며, 0으로 나타낸다.

영벡터 0

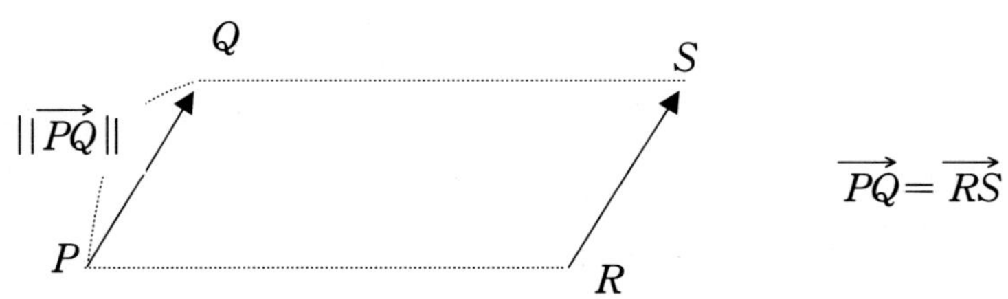

1.1.1. 벡터 및 스칼라의 표기방법

앞으로 언급할 내용은 주로 공간의 점, 벡터 및 스칼라에 관한 것이므로, 이들에 대하여 다음과 같은 표기를 사용한다.

[표기방법]

◦ 벡터 : $a, b, c, \cdots, x, y, z, \cdots$

◦ 스칼라 : $a, b, c, \cdots, x, y, z, \cdots, \alpha, \beta, \gamma, \cdots$

◦ 공간의 점 : $P, Q, R, S, \cdots, X, Y, Z$

1.1.2. 벡터의 연산

벡터의 연산으로 합과 스칼라곱의 두 가지가 있다. 이 두 연산을 기하학적인 의미로 정의해 보자.

정의 2

벡터의 합 $a+b$

두 벡터 $a=\overrightarrow{PQ}$, $b=\overrightarrow{RS}$ 가 주어졌을 때, b 와 같은 벡터로서 Q 를 시점으로 하는 벡터 $\overrightarrow{QT}$ 에 의하여 결정되는 벡터 $\overrightarrow{PT}$ 를 a 와 b 의 합(sum)이라 하고, $a+b$ 와 같이 적는다.

다음의 그림에서 나타난 것처럼 벡터 $a+b$ 는 a 와 b 를 두 변으로 하는 평행사변형의 대각선 벡터임을 알 수 있다.

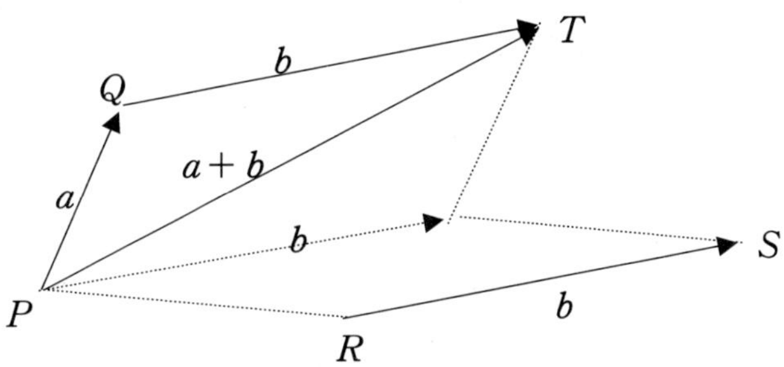

벡터의 차 $a-b$

벡터의 합을 이용하여 두 벡터 a와 b 의 차(difference) $a-b$ 를 다음과 같이 정의한다.

$$a-b := a+(-b)$$

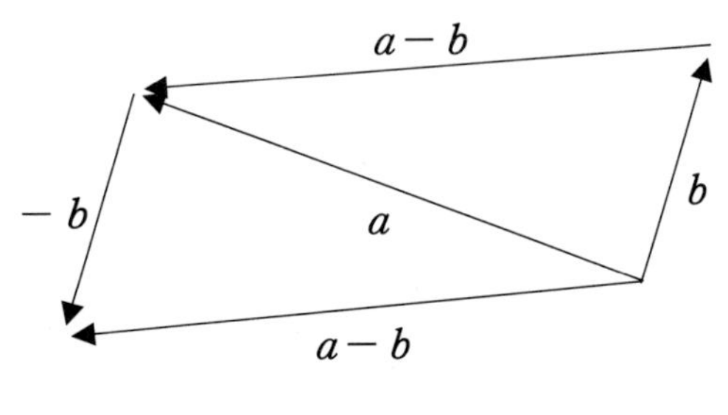

기하학적 의미로 정의한 벡터의 합에 대하여 다음의 성질들을 갖는다.

정 리 1

벡터의 합의 성질

임의의 벡터 a, b, c에 대하여 다음이 성립한다.

(1) $(a+b)+c=a+(b+c)$

(2) $a+0=0+a$

(3) $a+(-a)=0=(-a)+a$

(4) $a+b=b+a$

증명 (1)은 다음의 그림을 통하여 증명할 수 있다.

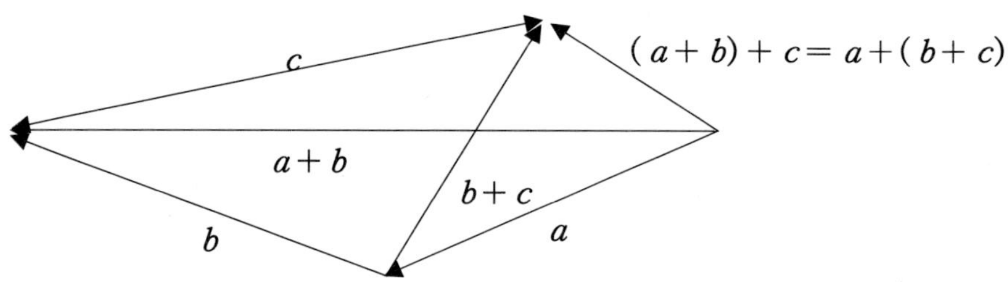

같은 방법으로 (2),(3),(4)를 증명할 수 있다.

정 의 3

벡터의 스칼라곱

임의의 벡터 a와 스칼라 α에 대하여, <u>스칼라곱</u> $\alpha \cdot a$를 다음과 같이 정의 한다.

$$\alpha \cdot a := \begin{cases} \text{크기가 } \alpha \| a \| \text{이고 } a \text{와 같은 방향인 벡터} & : \alpha > 0 \\ 0 & : \alpha = 0 \\ \text{크기가 } |\alpha| \, \| a \| \text{이고 } a \text{와 반대방향인 벡터} & : \alpha < 0 \end{cases}$$

표현을 간편하게 하기 위하여 앞으로 스칼라곱 연산표기 · 는 생략하기로 한다.

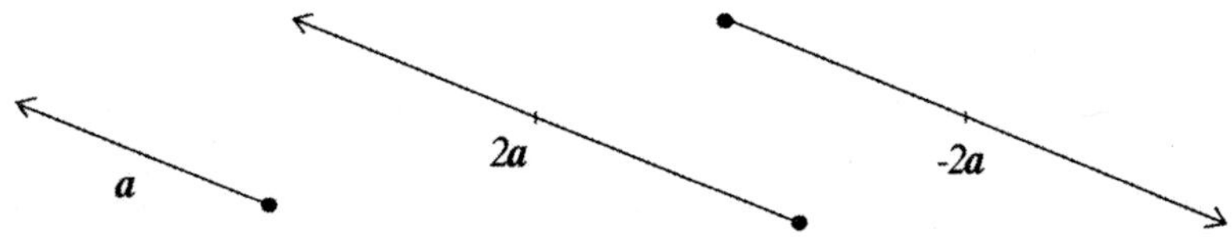

벡터 a 와 크기가 같고 방향이 반대인 벡터는 스칼라곱 $(-1)a$ 로서 $-a$ 로 표기한다.

기하학적으로 정의한 벡터의 합과 스칼라곱 연산에 대하여 다음의 성질들을 얻을 수 있다.

정리 2 스칼라곱의 성질

임의의 벡터 a, b 와 스칼라 α, β 에 대하여 다음이 성립한다.

(1) $\alpha(a+b) = \alpha a + \alpha b$

(2) $(\alpha+\beta)a = \alpha a + \beta a$

(3) $(\alpha\beta)a = \alpha(\beta a)$

(4) $1a = a$

증명 (1)은 다음 그림을 통하여 증명할 수 있다.

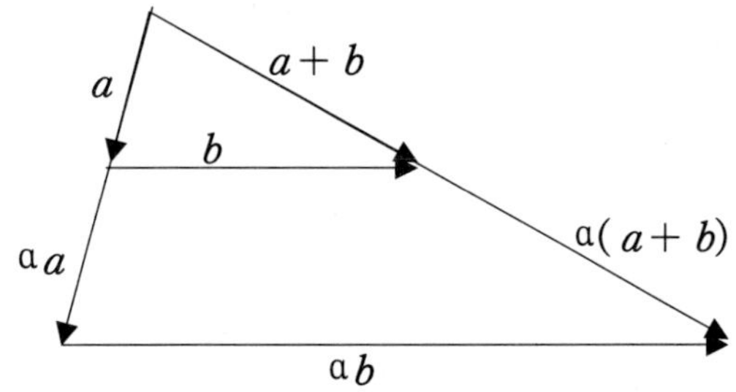

같은 방법으로 (2),(3),(4)를 증명할 수 있다.

1.1.3. 위치벡터

벡터는 상태변화를 표현하는 것이다. 벡터 v의 기하학적 표현인 화살표가 시점 X와 종점 Y를 갖는다면 이 벡터를 $\overrightarrow{XY}$로 나타낸다. 그런데 벡터는 크기와 방향에 의하여 결정되므로, 평행이동에 의한 모든 벡터들은 같은 벡터이다. 따라서 벡터 $\overrightarrow{XY}$와 같은 벡터로서 시점이 원점인 유일한 벡터 $\overrightarrow{OA}$가 항상 존재한다. 이는 벡터를 원점에 대하여 위치를 결정하는 하나의 점으로 해석할 수 있다.

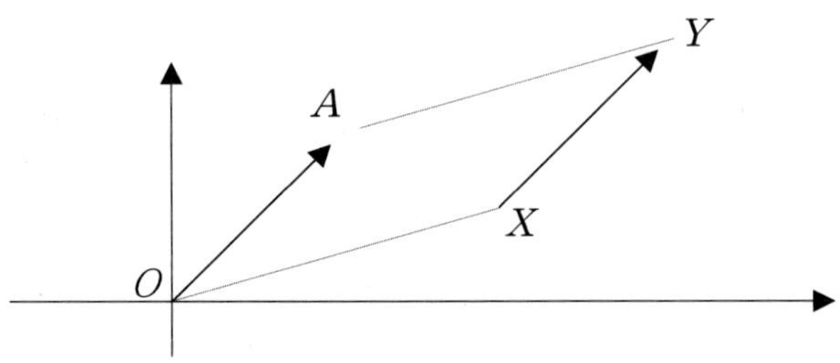

즉, 벡터 v를 대응하는 점 A로 대신할 수 있다. 따라서 점과 벡터의 관계를 나타내는 위치벡터를 다음과 같이 정의한다.

정의 4

점의 위치벡터 시점이 원점이고 종점이 X인 벡터 $\overrightarrow{OX}$를 점 X의 <u>위치벡터</u>라 한다.

예 1 시점이 $A(1,1)$ 이고 종점이 $B(3,2)$ 인 벡터의 상태변화는 x좌표가 2 증가, y좌표가 1 증가하므로 시점이 원점 $O(0,0)$, 종점이 $C(2,1)$ 인 벡터와 같다. 따라서 벡터 $\overrightarrow{AB}$는 점 $C(2,1)$의 위치벡터와 같다.

예 2 점 $A(2,-1)$ 의 위치벡터는, 시점을 $B(2,3)$ 으로 한다면 종점은 $C(4,2)$ 이다.

1.2. 벡터의 대수적 표현

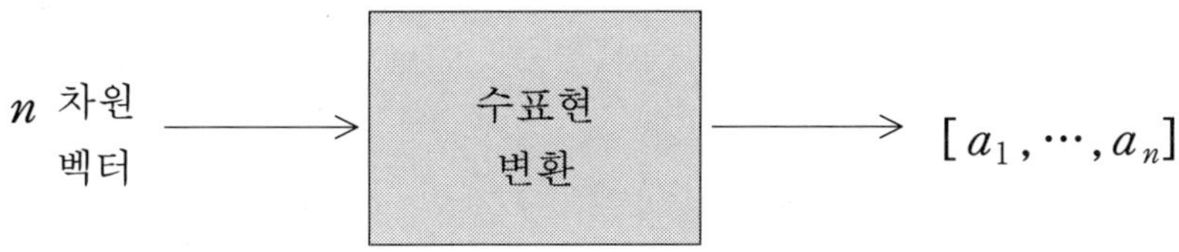

벡터의 표현방법으로 화살표와 수표현 방법이 있다. 화살표에 의한 표현은 공간의 기하학적 의미를 잘 표현하므로 개념의 이해가 용이하지만 문제해결에 한계를 갖고 있다. 이러한 문제점을 해결하기 위하여 벡터를 수로 표현하고 연산을 도입함으로써 계산을 용이하게 한다.

벡터의 수표현에 관한 예를 들어보자.

예 3 1차원 벡터의 예를 들면, '사과 $5\,kg$ 을 얻다'는 크기가 '5(kg)', 방향이 '얻다'인 벡터개념으로 해석되며 수표현은 [5]이다. 특성이 반대인 '사과 $5\,kg$ 을 주다'에 대한 벡터의 표현은 $[-5]$이다.

예 4 2차원 벡터의 예를 들면, '동쪽으로 $1m$, 북쪽으로 $1m$ 가다'는 크기가 $\sqrt{2}(m)$이고 방향이 동북쪽인 벡터개념으로 해석되며 수표현은 $[1,1]$으로 한다. 특성이 반대인 '서쪽으로 $1m$, 남쪽으로 $1m$ 가다'에 대한 벡터의 표현은 $[-1,-1]$이다.

3차원 이상의 벡터에 대해서도 같은 방법으로 예를 들 수 있다.

1.2.1. 벡터의 연산

실수집합에서의 연산으로서 합과 곱이 있다. 이 연산의 역연산인 차, 몫과 더불어 계산을 용이하게 한다. 이 연산들을 벡터들 사이의 연산들로 일반화한 연산을 정의함으로써, 벡터들을 편리하게 다룰 수 있다.

벡터들 사이의 연산은 합과 스칼라 곱의 두 가지가 있다. 합은 두 개의 상태를 하나의 상태로 변화시키는 이항연산이며, 스칼라 곱은 하나의 상태를 또 다른 하나의 상태로 변화시키는 일항연산을 의미한다.

벡터의 합 연산모델

다음의 예를 통하여 벡터의 합 연산모델을 생각해 보자.

예 5 1차원 벡터의 합 연산을 예를 들어 보기 위해 다음과 같은 상태를 갖는 1차원 벡터를 생각해 보자.

상태1 : 사과 5 kg 을 얻다.
상태2 : 사과 2 kg 을 얻다.

이 두 상태에 대한 합 연산을 다음과 같이 자연스럽게 생각해 볼 수 있다.

상태1+상태2 =상태3 : 사과 7 kg 을 얻다.

이 연산의 수표현은 $[5]+[2]=[7]$이다.

예 6 동쪽과 북쪽을 양의 방향으로 하는 2차원 벡터의 합 연산을 생각해 보자.

```
    상태 1 : 「동쪽으로1m, 북쪽으로1m가다」
+  상태 2 : 「동쪽으로2m, 북쪽으로3m가다」
------------------------------------------
    상태 3 : 「동쪽으로3m, 북쪽으로4m가다」
```

이 연산의 수표현은 $[1,1]+[2,3]=[3,4]$이다. 즉 좌표값들을 각각 더하는 연산구조를 갖고 있다. 이러한 방법을 확장하면 임의의 차원에 대한 벡터의 합 연산을 정의할 수 있다.

스칼라곱 연산모델

벡터의 합 연산과 마찬가지로 스칼라곱 연산모델을 다음의 예에서 생각해 보자.

예 7 1차원 벡터인 상태1 : '사과 5 kg 을 얻다' 의 2배인 벡터로 다음과 같이 상태2라 하자.

```
상태1+상태1 =상태2 : 사과 10 kg 을 얻다.
```

이 연산의 수표현은 $[5]+[5]=[10]\equiv 2\cdot[5]$ 이다. 따라서, 임의의 스칼라 c 에 대하여 상태1의 c 곱인 $c\cdot[5]$ 을 다음과 같이 생각할 수 있다.

$$c\cdot[5]\equiv[c\cdot 5]\equiv[5c]$$

예 8 1차원과 같은 방법으로 2차원 벡터의 스칼라곱 연산의 예를 들어보자.

```
    상태 1 : 「동쪽으로1m, 남쪽으로2m가다」
+  상태 2 : 「동쪽으로1m, 남쪽으로2m가다」
------------------------------------------
    상태 3 : 「동쪽으로2m, 남쪽으로4m가다」
```

이연산의 수표현은 $[1,-2]+[1,-2]=[2,-4]\equiv 2\cdot[1,-2]$

이다. 즉 좌표값들 각각에 2를 곱하는 연산구조를 갖고 있다. 따라서, 임의의 스칼라 c에 대하여 상태1의 c곱 $c\cdot[5,-2]$을 다음과 같이 생각할 수 있다.

$$c\cdot[5,-2]=[c\cdot 5, c\cdot(-2)]$$

이 예에서 본 2차원 이하의 벡터에 대한 합과 스칼라곱 연산을 임의의 차원의 벡터에 대한 연산모델로 확장하여 다음과 같이 벡터의 합과 스칼라곱 연산모델을 도입한다.

정의 5

벡터의 합과 스칼라곱

$R^n=\{[x_1,\cdots,x_n]\mid x_1,\cdots,x_n\in R\}$에서의 합 $(+)$과 스칼라곱 $(\cdot)$ 연산을 다음과 같이 정의한다.

(1) $[x_1,\cdots,x_n]+[y_1,\cdots,y_n]:=[x_1+y_1,\cdots,x_n+y_n]$

(2) $t\cdot[x_1,\cdots,x_n]:=[tx_1,\cdots,tx_n]$, $t\in R$, R : 실수

벡터공간

이 두 연산이 주어진 집합 R^n을 (n차원)벡터공간이라 하고, R^n의 각 원소를 (n차원)벡터라 한다.

예 9 A회사에서 생산하는 X, Y 두 종류의 음료수의 일주일 동안의 판매현황이 다음의 표와 같다.

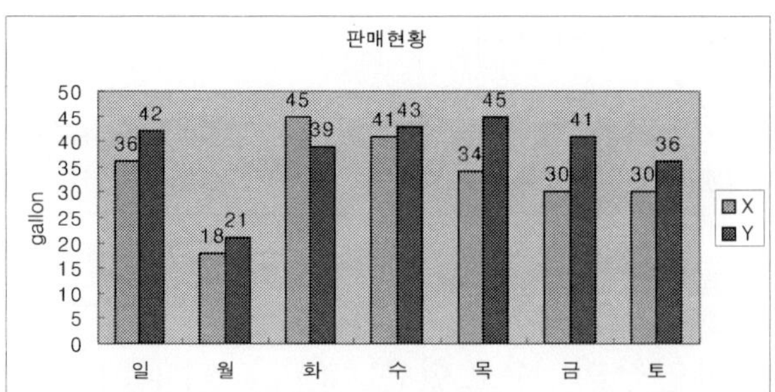

일일 판매량을 [X 판매량, Y 판매량] 로 수표현을 하면,

- 금, 토요일의 총 판매량은 $[30,41]+[30,36]=[60,77]$ 이고,
- 월요일의 판매량은 일요일의 반, 즉 $[18,21]=\frac{1}{2}\cdot[36,42]$

따라서 여러 가지 판매상태를 벡터의 합과 스칼라곱 연산에 의한 2차원 벡터로 볼 수 있다. 월, 화요일 판매량의 변화는

$$[45,39]+(-1)\cdot[18,21]=[27,18]$$

로, 두 제품이 각각 $27,18$ gallon 증가함을 보여 준다.

예 10 물감의 3원색인 빨강, 노랑, 파랑색의 상태들로 모든 상태를 표현할 수 있다. 이러한 상태들을 수학적인 모델로 표현하는 방법을 생각해 보자. 빨강색, 노랑색, 파랑색의 순서대로 $2,1,3$ 그램의 양을 갖는 상태를 v 라 하면 $v=[2,1,3]$ 으로 표현할 수 있다. 또 다른 물감의 상태 w 가 $w=[1,2,1]$ 로 표현되었을 때, $v+w=[3,3,4]$ 은 물감의 상태 v, w 의 배합으로 해석된다. 또한 상태 v 의 2배, $2\cdot v=2\cdot[2,1,3]=[4,2,6]$ 으로 의미를 갖는다. 따라서 이들의 배합을 나타내는 것은 집합 R^3 상에서의 합, 스칼라 곱 연산으로 이루어지므로 물감의 모든 상태(state)들은 3차원 벡터들로 볼 수 있다.

1.2.2. 기하학적 벡터의 수표현

벡터의 수표현

기하학적 표현인 벡터 $\overrightarrow{XY}$ 를 한 점 A 로 대신할 수 있으므로, 주어진 좌표변환 하에서 벡터 $\overrightarrow{XY}$ 의 수표현을 대응하는 점 A 의 좌표로 할 수 있다.

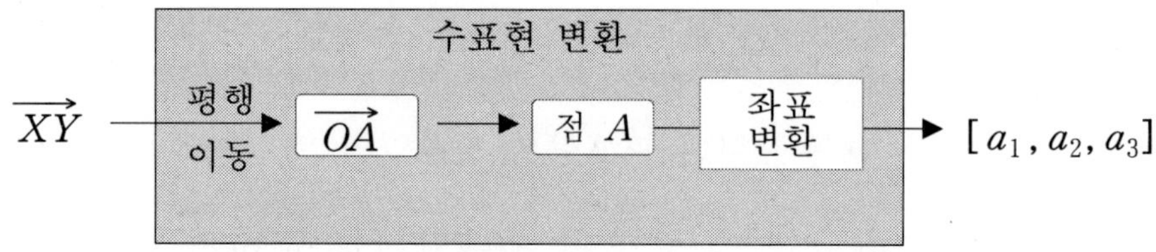

2차원 벡터의 표현방법을 좌표평면에서 생각해 보자. 점 $X(x_1, y_1)$를 시점, $Y(x_2, y_2)$를 종점으로 하는 벡터 $\overrightarrow{XY}$와 같은 벡터로서 원점 O를 시점으로 하는 벡터를 $\overrightarrow{OA}$라 하면, 종점 A의 좌표는 $(x_2 - x_1, y_2 - y_1)$이다. 따라서 벡터 $\overrightarrow{XY}$의 수표현은 점 A의 좌표인 $[x_2 - x_1, y_2 - y_1]$이다.

예 11 시점이 $A(1,1)$이고 종점이 $B(3,2)$인 벡터 $\overrightarrow{AB}$는 점 $C(2,1)$의 위치벡터와 같으므로 수표현은 $[2,1]$이다.

예 12 수표현이 $[2,-1]$인 벡터의 시점을 $B(2,3)$으로 한다면 종점은 $C(4,2)$이다.

♣주의: 벡터의 수표현은 시점을 원점으로 하는 벡터의 종점을 좌표로 표현한 것이다. 따라서, 수표현에서는 시점이 주어지지 않는다. 수표현이 $[a, b]$인 벡터의 시점이 X라면 $[a, b]_X$로 표현하기도 한다.

1.2.3. 벡터의 일차결합

벡터들의 스칼라곱의 합 즉, 다음 식을 벡터 $v_i (i=1,2,3)$들의 일차결합이라 한다.

$$\sum_{i=1}^{3} \alpha_i v_i \quad (\alpha_i \in R)$$

예를 들면, $v_1=[2,1,3]$, $v_2=[0,1,-1]$, $v_3=[3,-1,1]$ 에 대하여, 벡터 $[5,2,2]$ 는 v_i들의 일차결합 $v_1+2v_2+v_3$와 같다. 그렇다면 '임의의 벡터 $[a,b,c]$ 를 v_i 들의 일차결합으로 나타낼 수 있을까?'에 대한 대답은 주어진 벡터 v_i의 구성에 따라 달라진다. 이러한 문제는 기저에 관한 개념으로 나중에 언급하기로 하고 가장 기본적인 경우를 생각해 보자. 임의의 2차원 벡터 $[a,b]$ 는 $e_1=[1,0]$, $e_2=[0,1]$ 의 일차결합으로 나타낼 수 있다. 즉,

$$[a,b]=ae_1+be_2.$$

이와 같은 기본벡터들을 다음과 같이 정의한다.

정의 6

기본단위벡터 $e_1=[1,0]$, $e_2=[0,1]$ 을 벡터공간 R^2 의 기본단위벡터라 한다.

정의 7

$e_1=[1,0,0]$, $e_2=[0,1,0]$, $e_3=[0,0,1]$ 을 벡터공간 R^3 의 기본단위벡터라 한다.

예 13 앞에서 언급한 물감의 상태에서의 기본단위벡터 e_1, e_2, e_3는 다음을 의미한다.

e_1: 빨강색 물감 1그램 첨가
e_2: 노랑색 물감 1그램 첨가
e_3: 파랑색 물감 1그램 첨가

정 리 3

$R^3(R^2)$의 임의의 벡터는 기본단위벡터 e_i의 일차결합으로 나타낼 수 있다. 즉, $v=[v_1, v_2, v_3] \in R^3$ ($v=[v_1, v_2] \in R^2$)에 대하여

$$v=\sum_{i=1}^{3} v_i e_i \left(v=\sum_{i=1}^{2} v_i e_i\right)$$

예 14 벡터 $v=[2, 3, -4]$를 기본단위벡터들의 일차결합으로 표시하면

$$v=2e_1+3e_2+(-4)e_3$$

1.2.4. 벡터의 기본연산 및 성질

기하학적 벡터들의 합과 스칼라곱의 기본연산에 대한 성질들을 대수적 표현으로도 확인할 수 있다.

정 리 4

벡터의 기본연산성질

벡터 a, b, c와 스칼라 $\alpha, \beta \in R$에 대하여

(1) $(a+b)+c=a+(b+c)$　　(2) $a+0=0+a=a$

(3) $a+(-a)=0=(-a)+a$　　(4) $a+b=b+a$

(5) $\alpha(a+b)=\alpha a+\alpha b$　(6) $(\alpha+\beta)a=\alpha a+\beta a$

(7) $(\alpha\beta)a=\alpha(\beta a)$　　(8) $1a=a$

증명 (6)　$a=[a_1, a_2, a_3]$, $\alpha, \beta \in R$일 때

$$\begin{aligned}(\alpha+\beta)\boldsymbol{a} &= [(\alpha+\beta)a_1, (\alpha+\beta)a_2, (\alpha+\beta)a_3] \\ &= [\alpha a_1+\beta a_1, \alpha a_2+\beta a_2, \alpha a_3+\beta a_3] \\ &= [\alpha a_1, \alpha a_2, \alpha a_3]+[\beta a_1, \beta a_2, \beta a_3] \\ &= \alpha[a_1, a_2, a_3]+\beta[a_1, a_2, a_3] \\ &= \alpha\boldsymbol{a}+\beta\boldsymbol{a}\end{aligned}$$

나머지도 같은 방법으로 증명할 수 있다.

2. 벡터의 내적

직각삼각형의 빗변과 나머지 두 변의 길이를 각각 c, a, b 라 하면 피타고라스 정리에 의하여 다음의 관계식을 갖는다.

피타고라스 정리

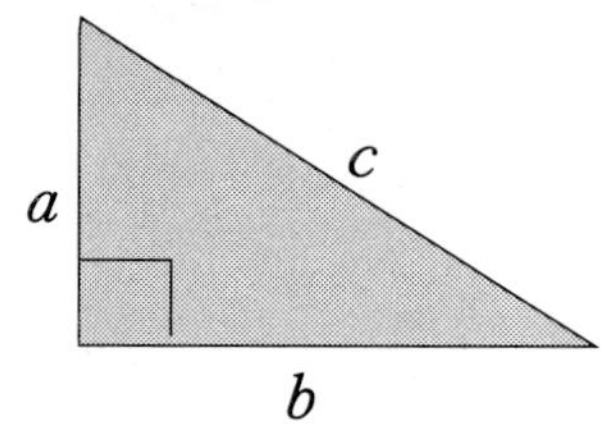

$$c^2 = a^2 + b^2$$

직각삼각형인 경우에 성립하는 피타고라스 정리를 이용하여 임의의 삼각형에 관한 일반식인 코사인 법칙을 얻을 수 있다.

정 리 5

코사인법칙 세 변의 길이 a, b, c 와 $\angle C = \Theta$ 인 임의의 삼각형 ABC 에 대하여 다음의 등식이 성립한다.

$$c^2 = a^2 + b^2 - 2ab\cos\Theta$$

증명 $\Theta = \pi/2$ 인 경우는 피타고라스정리에 의하여 성립하므로, 다음의 각 경우에 성립함을 보이면 된다.

ⓐ $0 \le \Theta < \dfrac{\pi}{2}$:

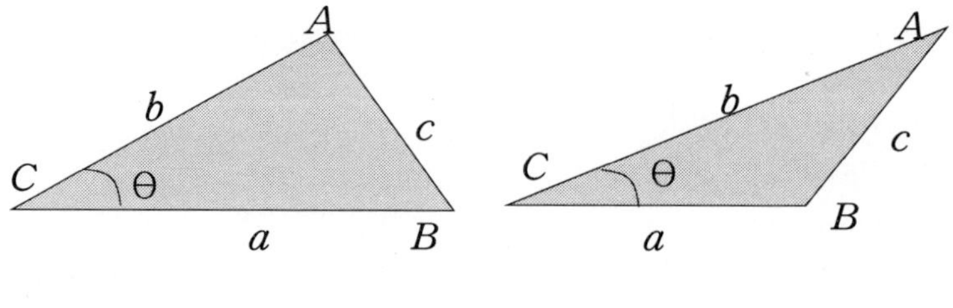

ⓑ $\frac{\pi}{2} < \Theta \leq \pi$:

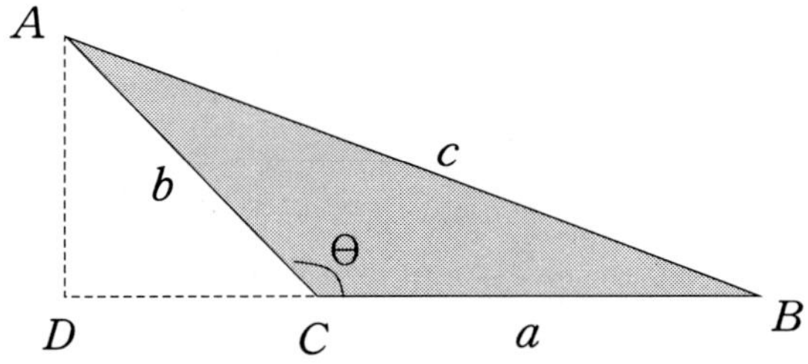

증명방법은 같으므로 여기서는 ⓑ의 경우만 증명해 보자. 삼각형 ABD는 직각삼각형이므로, 피타고라스정리에 의하여

$$\begin{aligned} c^2 &= (b\cos(\pi-\Theta)+a)^2 + (b\sin(\pi-\Theta))^2 \\ &= b^2\cos^2(\pi-\Theta) + 2ab\cos(\pi-\Theta) + a^2 + b^2\sin^2(\pi-\Theta) \\ &= a^2 + b^2 - 2ab\cos\Theta \end{aligned}$$

2.1. 벡터의 크기

유클리드 공간에 있는 벡터의 크기는 공간에서의 유클리드 거리개념을 이용하여 벡터의 양 끝점을 잇는 선분의 길이로 다음과 같이 정의한다.

정의 8

벡터의 길이 R^3의 벡터 $a = [a_1, a_2, a_3]$의 길이(또는 크기) $\| a \|$를 다음과 같이 정의한다.

$$\| a \| := \sqrt{a_1^2 + a_2^2 + a_3^2}$$

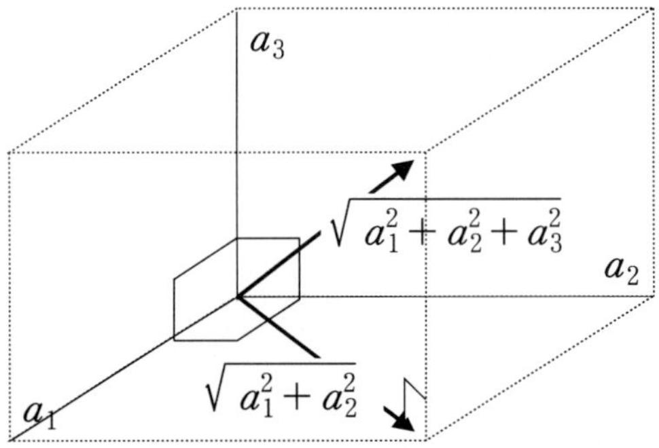

정 리 6

벡터의 크기 성질

임의의 벡터 a, b와 스칼라 α에 대하여 다음의 성질들이 성립한다.

(1) $\| a \| = 0 \Leftrightarrow a = 0$

(2) $\| \alpha a \| = |\alpha| \, \| a \|$

(3) $\| a + b \| \le \| a \| + \| b \|$

예 15 벡터 $a = [2, 3, 3]$의 길이 $\| a \|$는 $\sqrt{2^2+3^2+3^2} = \sqrt{22}$이다.

2.2. 내적의 정의

피타고라스 정리는 직각삼각형에 대하여 성립하므로, 임의의 삼각형에 대한 코사인 법칙의 특별한 경우이다. 그렇다면 일반 삼각형과 직각삼각형 사이의 차이가 코사인 법칙과 피타고라스 정리의 식에서 어떤 차이를 보이는지 살펴보자.

직각삼각형에서의 피타고라스정리를 벡터로 표현하면 다음과 같다.

$$\| a \|^2 + \| b \|^2 = \| b - a \|^2$$

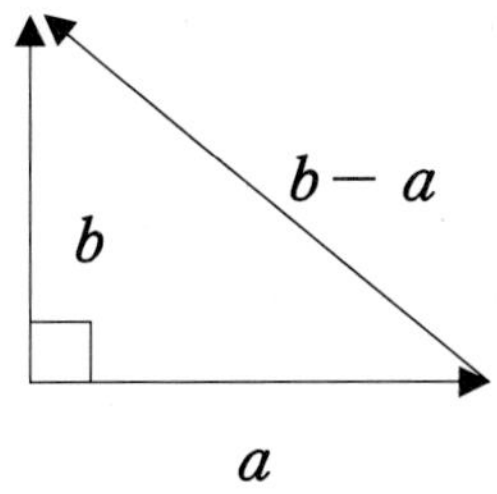

또한 다음의 그림과 같은 일반삼각형에서의 코사인법칙을 벡터로 표현하면 다음과 같다.

$$\| b - a \|^2 = \| a \|^2 + \| b \|^2 - 2 \| a \| \| b \| \cos\Theta$$

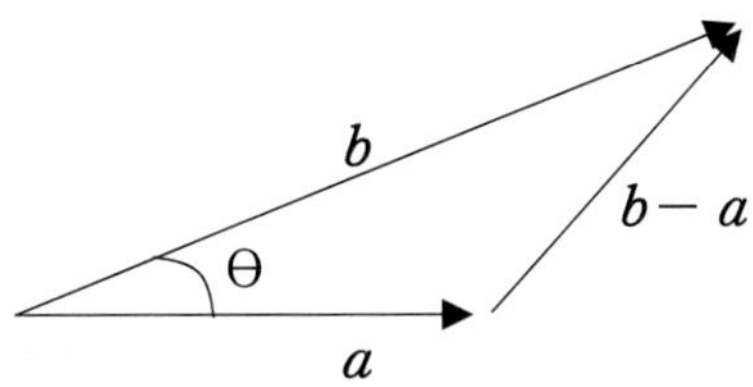

<코사인법칙의 벡터표현>

$$\| b - a \|^2 = \| a \|^2 + \| b \|^2 - 2 \| a \| \| b \| \cos\Theta$$

↕

$$\| a \| \| b \| \cos\Theta = \frac{1}{2}(\| a \|^2 + \| b \|^2 - \| b - a \|^2)$$

↓ $\Theta = \frac{\pi}{2}$ (직각삼각형)

<피타고라스정리>

$$\| a \|^2 + \| b \|^2 - \| b - a \|^2 = 0$$

이 그림에서 보는 것처럼 일반삼각형에서 성립하는 코사인법칙이 직각삼각형에서 성립하는 피타고라스정리와의 차이를 나타내는 척도로 $\| a \| \| b \| \cos\Theta$ 가 사용될 수 있음을 보여준다.

두 벡터와 사이각에 의한 이 값은 매우 중요한 벡터의 연산으로 다음과 같이 정의한다.

정의 9

벡터의 내적 $\measuredangle(a, b)=\Theta$, $0 \leq \Theta \leq \pi$ 일 때, 다음과 같이 정의된 $a \cdot b$를 a와 b의 <u>내적(inner product)</u>이라 한다.

$$a \cdot b := \| a \| \| b \| \cos\Theta$$

단, a 또는 b가 영벡터일 때는 $a \cdot b := 0$.

벡터의 길이와 내적을 이용하여 코사인법칙을 다음과 같이 표현할 수 있다.

정리 7

코사인법칙의 벡터표현 임의의 벡터 a, b에 대하여

$$a \cdot b=\frac{1}{2}(\| a \|^2+\| b \|^2-\| b-a \|^2)$$

예 16 벡터 a의 길이가 2, b의 길이가 3, $\measuredangle(a, b)=\frac{\pi}{4}$ 일 때, 두 벡터 a, b의 내적 $a \cdot b$는 $3\sqrt{2}$ 이다.

예 17 $\| a \| =1, \| b \| =2$, $a \cdot b=1$ 이면 두 벡터 a, b의 사이각 $\measuredangle(a, b)$은 $\frac{\pi}{3}$ 이다.

2.3. 내적의 성질

다음의 정리와 같이 두 벡터의 평행성과 직교성이 내적에 의하여 결정됨을 내적의 정의로부터 쉽게 증명할 수 있다.

정 리 8

평행성 직교성

벡터 $\boldsymbol{e}_i, \boldsymbol{a}, \boldsymbol{b}$에 대하여

(1) $\boldsymbol{e}_i \cdot \boldsymbol{e}_j = \delta_{ij}$

(2) $\boldsymbol{a} // \boldsymbol{b} \Leftrightarrow \boldsymbol{a} \cdot \boldsymbol{b} = \pm \| \boldsymbol{a} \| \| \boldsymbol{b} \|$

(3) $\boldsymbol{a} \perp \boldsymbol{b} \Leftrightarrow \boldsymbol{a} \cdot \boldsymbol{b} = 0$

벡터의 내적은 사이각으로 정의되었다. 그러나 주로 성분들로 표시된 벡터들을 중심으로 다루기 때문에 이에 관한 계산방법을 필요로 한다. 벡터에 대한 코사인법칙을 이용하면 다음과 같은 간단한 내적 계산공식을 얻을 수 있다.

정 리 9

내적의 성분표시

성분표시의 두 벡터 $\boldsymbol{a} = [a_1, a_2, a_3]$, $\boldsymbol{b} = [b_1, b_2, b_3]$ 에 대하여

$$\boldsymbol{a} \cdot \boldsymbol{b} = a_1 b_1 + a_2 b_2 + a_3 b_3$$

증명 $\boldsymbol{b} - \boldsymbol{a} = [b_1 - a_1, b_2 - a_2, b_3 - a_3]$ 이므로, 벡터에 대한 코사인법칙인

$$\boldsymbol{a} \cdot \boldsymbol{b} = \frac{1}{2}(\| \boldsymbol{a} \|^2 + \| \boldsymbol{b} \|^2 - \| \boldsymbol{b} - \boldsymbol{a} \|^2)$$

에 대입하면

$$\boldsymbol{a} \cdot \boldsymbol{b} = \frac{1}{2}[(a_1^2 + a_2^2 + a_3^2) + (b_1^2 + b_2^2 + b_3^2) - \{(b_1 - a_1)^2 + (b_2 - a_2)^2 + (b_3 - a_3)^2\}]$$

$$\therefore\ a \cdot b = a_1 b_1 + a_2 b_2 + a_3 b_3$$

예 18 벡터 $a = (1, 2, -1)$, $b = (0, 1, 1)$ 에 대하여, $a \cdot b = 1$ 이다.

내적의 성분표시를 이용하면 벡터의 내적에 관한 다음의 성질들을 쉽게 얻을 수 있다.

정리 10

내적의 성질 벡터 a, b, c 와 실수 α 에 대하여

(1) $a \cdot b = b \cdot a$

(2) $a \cdot (b + c) = a \cdot b + a \cdot c$

(3) $(\alpha a) \cdot b = a \cdot (\alpha b) = \alpha(a \cdot b)$

(4) $\| a \| = \sqrt{a \cdot a}$

증명 (3) 임의의 벡터 $a = [a_1, a_2, a_3]$, $b = [b_1, b_2, b_3]$ 와 스칼라 α 에 대하여

$$\begin{aligned}(\alpha a) \cdot b &= [\alpha a_1, \alpha a_2, \alpha a_3] \cdot [b_1, b_2, b_3] \\ &= (\alpha a_1)b_1 + (\alpha a_2)b_2 + (\alpha a_3)b_3 \\ &= \alpha(a_1 b_1) + \alpha(a_2 b_2) + \alpha(a_3 b_3) = \alpha(a_1 b_1 + a_2 b_2 + a_3 b_3) \\ &= \alpha(a \cdot b)\end{aligned}$$

두 벡터의 내적과 길이 사이에 다음의 부등식이 성립한다.

정리 11

Schwarz 부등식

임의의 두 벡터 $x=[x_1, x_2, x_3]$, $y=[y_1, y_2, y_3]$ 에 대하여

$$|x \cdot y| \leq \|x\| \|y\|$$

증명 $x=[x_1, x_2, x_3]$, $y=[y_1, y_2, y_3]$ 라 두자.

① x 또는 y가 영벡터이면 위 부등식의 등호가 성립.

② x, y 둘 다 영벡터가 아닌 경우 : $|\cos\Theta| \leq 1$ 이므로 내적의 정의에 의하여

$$|x \cdot y| = \|x\| \|y\| \, |\cos\Theta| \leq \|x\| \|y\|$$

★ Schwarz 부등식을 벡터의 성분으로 표시하면 다음과 같다.

$$\left|\sum_{i=1}^{3} x_i y_i\right| \leq \sqrt{\sum_{i=1}^{3} x_i^2}\sqrt{\sum_{i=1}^{3} y_i^2}$$

2.4. 벡터의 정사영(Projection)

임의의 벡터 a, b 에 대하여, b 를 a 가 놓여있는 직선에 수직으로 내린 벡터 c 와 그 길이가 문제해결에 중요한 역할을 한다. 따라서, 벡터 c 를 다음과 같이 정의한다.

정의 10

벡터의 정사영

벡터 b 를 벡터 a 가 놓여있는 직선에 수직으로 내린 벡터를 <u>a 위로 b 의 정사영</u>이라 하며, $P_a b$ 로 표기한다.

♣주의: 벡터 a 와 단위벡터 $e=\dfrac{a}{\|a\|}$ 는 같은 직선위에 놓여 있다.

따라서, a 위로 b 의 정사영과 e 위로 b 의 정사영은 정의에 의하여

같음을 알 수 있다. 즉, $P_a b = P_e b$.

a 위로 b의 정사영과 그 길이를 구하는 방법을 모색하기 위해 주의에 의하여 단위벡터 $e = \frac{a}{\|a\|}$ 위로 b의 정사영과 그 길이를 구해보자. 즉 임의의 벡터 b와 단위벡터 e가 있을 때, b를 e가 놓여있는 직선에 수직으로 내린 벡터 $P_e b$와 그 길이를 구하는 방법을 생각하기 위해 벡터의 사이각 $\Theta = \measuredangle(b, e)$를 두 가지 경우로 나누어 정사영을 구해보면 다음과 같다.

① $0 \le \Theta \le \frac{\pi}{2}$:

벡터 $P_e b$는 길이가 $\|b\| \cos\Theta$ 이고 단위벡터 e와 같은 방향이므로

$$P_e b = \|b\| \cos\Theta\, e = (\|b\| \|e\| \cos\Theta) e = (b \cdot e) e$$

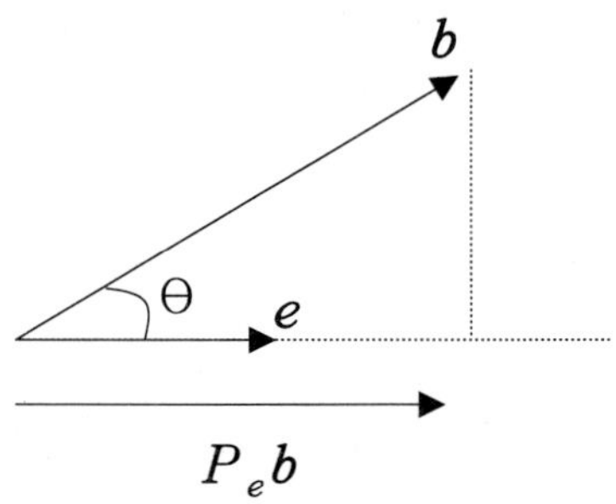

② $\frac{\pi}{2} \le \Theta \le \pi$:

벡터 $P_e b$는 길이가 $\|b\| \cos(\pi - \Theta)$ 이고 단위벡터 e와 반대방향이므로

$$P_e b = \|b\| \cos(\pi - \Theta)(-e) = \|b\| \cos\Theta\, e$$

$$= (\|b\| \|e\| \cos\Theta) e = (b \cdot e) e$$

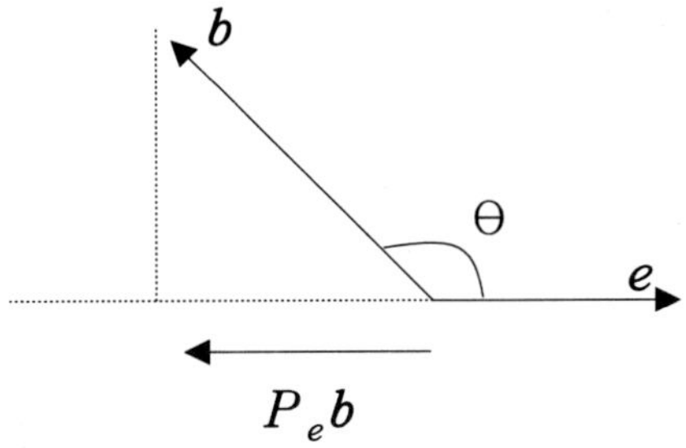

위의 두 가지 사이각의 경우 정사영이 같은 모양으로 나타난다. 즉, 정사영은 사이각에 관계없이 $(b \cdot e)e$로 표시할 수 있다. 이를 정리하면 다음과 같다.

정리 12

정사영과 길이

영이 아닌 두 벡터 a, b에 대하여, a 위로 b의 정사영 $P_a b$와 그 길이는 다음과 같다.

(1) 정사영 : $P_a b = \dfrac{b \cdot a}{a \cdot a} a$

(2) 정사영의 길이 : $\| P_a b \| = \dfrac{|b \cdot a|}{\| a \|}$

증명 a의 단위벡터를 $e = \dfrac{a}{\| a \|}$ 라 두면

$$P_a b = P_e b = (b \cdot e)e = \left(b \cdot \frac{a}{\| a \|}\right)\frac{a}{\| a \|} = b \cdot \frac{a}{\| a \|^2} a$$

그러므로 $\| P_a b \| = \left\| b \cdot \dfrac{a}{\| a \|^2} a \right\| = \dfrac{|b \cdot a|}{\| a \|}$

예 19 두 벡터 $a = [1, 0, 1]$, $b = [0, 4, 4]$에 대하여, a 위로 b의 정사영 $P_a b$는 $[2, 0, 2]$ 이고, 그 길이는 $2\sqrt{2}$ 이다.

3. 벡터의 외적

벡터의 외적을 정의하기 위하여 오른손법칙에 의한 방향설정과 두 벡터를 이웃 변으로 하는 평행사변형의 넓이를 필요로 한다.

(1) 벡터 a, b에 동시에 수직인 방향은 두 가지가 있는데 오른손법칙에 의한 방향은 다음의 그림과 같다.

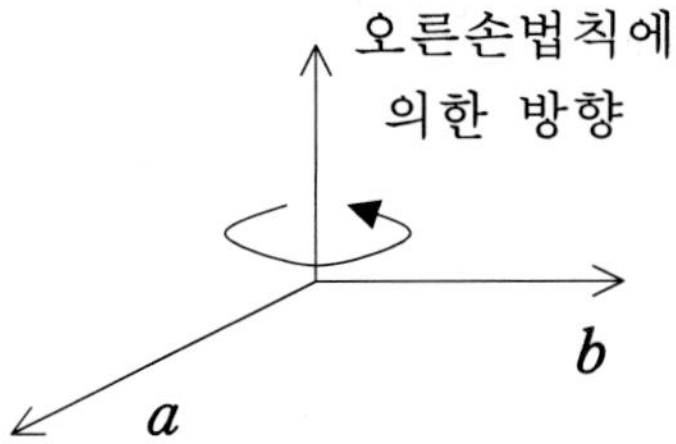

(2) 사이각이 Θ 인 두 벡터 a, b 를 이웃 변으로 하는 평행사변형의 넓이는

$$\| a \| \; \| b \| \sin\Theta$$

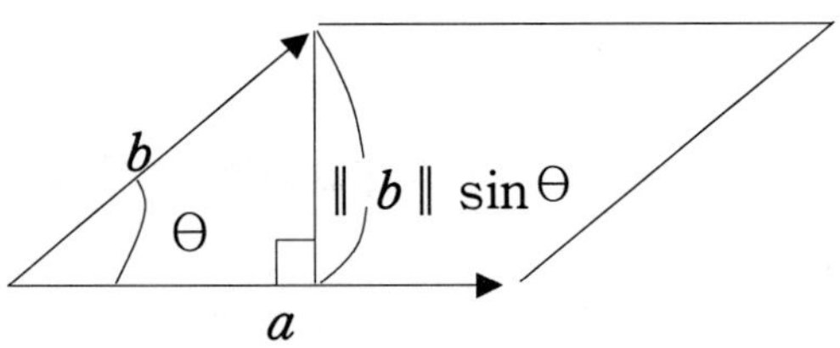

3.1. 외적

두 벡터에 대한 연산으로 스칼라를 갖는 내적과는 대조적으로, 벡터를 갖는 외적연산이 내적과 마찬가지로 문제해결에 중요한 역할을 한다. 먼저 외적을 기하학적인 방법으로 다음과 같이 정의한다.

정의 11

벡터의 외적

사이각이 θ인 두 벡터 a, b를 이웃 변으로 하는 평행사변형의 넓이, 즉 $\|a\|\|b\|\sin\theta$를 크기로 하고 오른손법칙에 의한 방향을 갖는 벡터를 a, b의 외적(cross product)이라 하고, $a\times b$로 나타낸다.

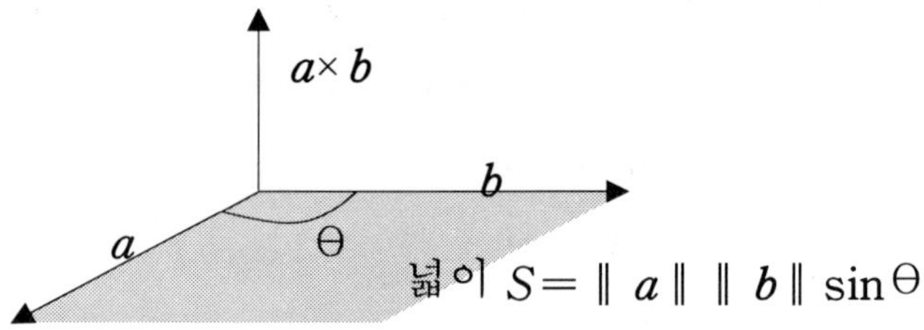

예 20 두 벡터 a, b의 길이와 사이각이 각각 $\|a\|=2$, $\|b\|=3$, $\measuredangle(a, b)=\frac{\pi}{6}$일 때, $\|a\times b\|=3$이다.

외적의 정의에 의하여 다음의 정리를 쉽게 얻을 수 있다.

정리 13

외적의 성질

벡터 a, b와 실수 α에 대하여

(1) $a\times b=-b\times a$

(2) $(\alpha a)\times b=\alpha(a\times b)=a\times(\alpha b)$

(3) $a\times a=0$

(4) $e_1\times e_2=e_3,\ e_2\times e_3=e_1,\ e_3\times e_1=e_2$

♣주의: (1)에 의해 (4)는 다음과 같이 나타낼 수 있다.

$$e_2\times e_1=-e_3,\ e_3\times e_2=-e_1,\ e_1\times e_3=-e_2$$

3.2. 스칼라 3중적

벡터의 내적과 외적의 성질을 이용하여 세 벡터 a, b, c를 이웃 변으로 하는 평행육면체의 부피를 기하학적인 방법으로 구하는 과정을 요약하면 다음과 같다.

(1) 사이각 θ 인 공간벡터 a, b를 포함하는 평행사변형(밑면)을 그린다.

(2) 벡터 c를 그리고, 이들 벡터를 포함하는 평행육면체를 그린다.

(3) 벡터의 외적 $a\times b$을 그린다.

(4) 벡터 $a\times b$ 위로 c의 정사영 $(P_{a\times b}\, c)$ 을 그린다.

(5) 평행육면체의 밑넓이= $\| a\times b \|$, 높이= $\| P_{a\times b}\, c \|$

(6) 정사영

$$(P_{a\times b}\, c) = \frac{c\cdot(a\times b)}{(a\times b)\cdot(a\times b)}\, a\times b = \frac{c\cdot(a\times b)}{\| a\times b \|^2}\, a\times b$$

(7) 정사영의 길이 $\| P_{a\times b}\, c \|$ (평행육면체의 높이) :

$$\frac{|c\cdot(a\times b)|}{\| a\times b \|^2}\, \| a\times b \| = \frac{|c\cdot(a\times b)|}{\| a\times b \|}$$

(8) 평행육면체의 부피:

$$\text{밑넓이}\times\text{높이} = \| a\times b \| \times \frac{|c\cdot(a\times b)|}{\| a\times b \|} = |c\cdot(a\times b)| = |a\times b\cdot c|$$

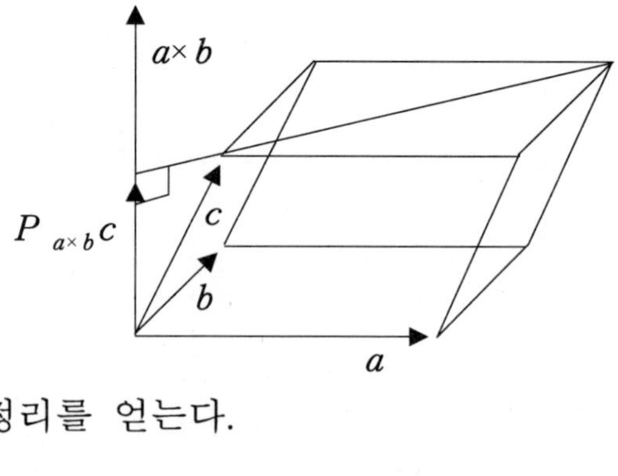

따라서, 다음 정리를 얻는다.

정 리 14

평행육면체 부피

벡터 a, b, c를 이웃하는 세 변으로 하는 평행육면체의 부피는 $|a\times b\cdot c|$이다.

벡터 a, b, c를 이웃 변으로 하는 평행육면체의 모양은 스칼라 3중적 $a\times b\cdot c$의 부호에 따라 다음의 두 가지 형태로 나타낼 수 있다.

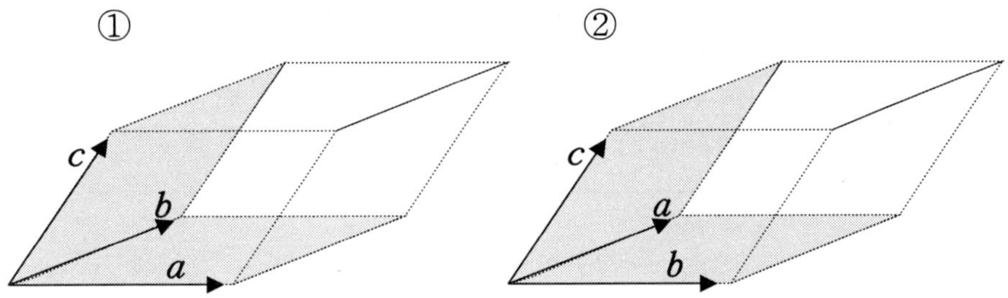

①번의 경우는 $a\times b\cdot c$, $b\times c\cdot a$, $c\times a\cdot b$ 모두가 양수이므로 평행육면체의 부피는

$$a\times b\cdot c = b\times c\cdot a = c\times a\cdot b.$$

②번의 경우는 $a\times b\cdot c$, $b\times c\cdot a$, $c\times a\cdot b$ 모두가 음수이므로 평행육면체의 부피는

$$-a\times b\cdot c = -b\times c\cdot a = -c\times a\cdot b.$$

따라서 다음의 정리를 얻는다.

정 리 15

벡터 a, b, c에 대하여

$$a\times b\cdot c = b\times c\cdot a = c\times a\cdot b$$

♣주의: 내적과 외적을 동시에 포함하는 계산에서는 외적을 먼저 계산한다. 즉, 내적을 먼저 계산한 식 $(a \cdot b) \times c$은 외적계산이 불가능하기 때문이다. 그러므로, 괄호를 하지 않고 $a \cdot b \times c$와 같이 표현하여도 의미를 갖는다.

평행육면체의 부피계산에서 나타난 것처럼 내적과 외적을 이용한 $a \times b \cdot c$는 다양하게 응용되고 있다. 따라서 이 연산을 다음과 같이 정의한다.

정의 12

스칼라 3중적

$a \times b \cdot c$를 벡터 a, b, c의 <u>스칼라 3중적(triple scalar product)</u>이라 한다.

스칼라 3중적에 관한 성질들을 정리하면 다음과 같다.

정리 16

스칼라3중적 성질

벡터 a, b, c에 대하여

(1) $a \times b \cdot a = a \times b \cdot b = 0$

(2) $a \times b \cdot c = -a \times c \cdot b$

(3) $a \times b \cdot c = a \cdot b \times c$

(4) $a \cdot b \times c = b \cdot c \times a = c \cdot a \times b$

증명 (1) 외적의 정의에 의하여 벡터 $a \times b$가 벡터 a, b에 동시에 수직이므로 $a \times b \cdot a$와 $a \times b \cdot b$는 모두 0이다.

(2) 정리 15와 $c \times a = -a \times c$에 의하여

$$a \times b \cdot c = b \times c \cdot a = c \times a \cdot b$$

이므로 $a \times b \cdot c = -a \times c \cdot b$이 성립한다.

(3) 정리 15와 정리 10(1)에 의하여

$$a\times b\cdot c = b\times c\cdot a = a\cdot b\times c$$

이다.

(4) 정리 15에 식 (3)을 적용하면 얻을 수 있다.

3.3. 외적과 스칼라 3중적의 성분표시

벡터의 외적을 기하학적 관점에서 소개하였다. 성분에 의한 벡터의 외적을 계산하는 방법을 유도하기 위하여 다음과 같은 외적의 배분법칙을 필요로 한다.

정리 17

외적의 배분법칙

벡터 a, b, c 에 대하여

(1) $a\times(b+c) = a\times b + a\times c$

(2) $(a+b)\times c = a\times c + b\times c$

증명 (1) $d = a\times(b+c) - a\times b - a\times c$ 라 두면,

$$\begin{aligned}\|d\|^2 &= d\cdot d = (a\times(b+c) - a\times b - a\times c)\cdot d \\ &= a\times(b+c)\cdot d - a\times b\cdot d - a\times c\cdot d \\ &= (d\times a)\cdot(b+c) - (d\times a)\cdot b - (d\times a)\cdot c \\ &= (d\times a\cdot b + d\times a\cdot c) - d\times a\cdot b - d\times a\cdot c \\ &= 0\end{aligned}$$

$\therefore\ d = 0$. 따라서 첫 번째 등식이 성립한다.

(2) $(a+b)\times c = -c\times(a+b)$ 이므로, (1)을 이용하면

$$(a+b)\times c = -c\times(a+b) = -c\times a - c\times b$$
$$= a\times c + b\times c$$

따라서 두번째 등식도 성립한다.

정리 17의 배분법칙을 이용하면 성분으로 표시된 두 벡터의 외적을 다음과 같이 구할 수 있다.

정리 18 외적의 성분표시

두 벡터 $a=[a_1, a_2, a_3]$, $b=[b_1, b_2, b_3]$ 에 대하여

$$a\times b=[a_2b_3-a_3b_2,\ a_3b_1-a_1b_3,\ a_1b_2-a_2b_1]$$

증명 $a\times b=(a_1e_1+a_2e_2+a_3e_3)\times(b_1e_1+b_2e_2+b_3e_3)$

$=(a_2b_3-a_3b_2)e_1+(a_3b_1-a_1b_3)e_2+(a_1b_2-a_2b_1)e_3$

$=[a_2b_3-a_3b_2,\ a_3b_1-a_1b_3,\ a_1b_2-a_2b_1]$

예 21 $a=[1,-2,1]$, $b=[1,0,1]$ 일 때, $a\times b=[-2,0,2]$

벡터의 내적과 외적의 성분에 의한 계산공식을 이용하여 스칼라 3중적의 성분에 의한 계산공식을 유도하면 다음과 같다.

정리 19 스칼라3중적 성분표시

벡터 $a=[a_1, a_2, a_3]$, $b=[b_1, b_2, b_3]$, $c=[c_1, c_2, c_3]$ 의 스칼라 3중적은 다음과 같다.

$$a\times b\cdot c=(a_2b_3-a_3b_2)c_1+(a_3b_1-a_1b_3)c_2+(a_1b_2-a_2b_1)c_3$$

증명 생략.

예 22 세 벡터 $a=[1,-2,-1]$, $b=[1,0,1]$, $c=[0,1,1]$에 대하여 $a\times b\cdot c=0$

3.4. 외적의 응용

외적은 벡터에 관한 여러 분야에서 응용된다. 다음의 예를 통하여 외적의 이용방법을 생각해 보자.

예 23 $a=[1,1,-2]$, $b=[2,2,1]$ 에 동시에 수직인 단위벡터를 구하라.

풀이. $a\times b=[5,-5,0]$ 는 두 벡터 a, b 에 동시에 수직이고 길이가 $5\sqrt{2}$ 이므로 단위벡터는 2 가지 즉,

$$\pm\frac{a\times b}{5\sqrt{2}}=\pm[\frac{1}{\sqrt{2}},-\frac{1}{\sqrt{2}},0]$$

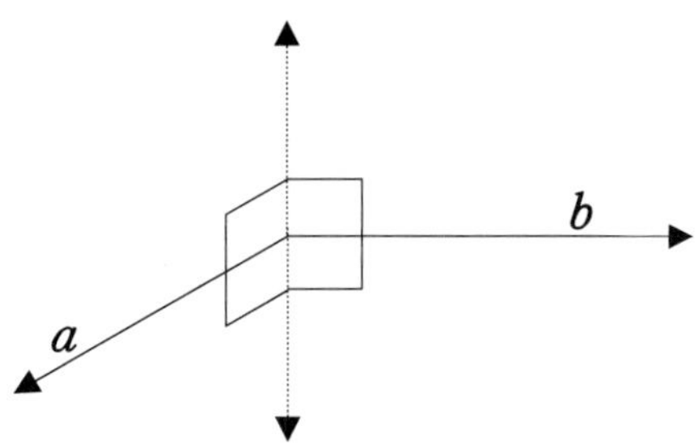

예 24 벡터 $a=[a_1,a_2,a_3]$, $b=[b_1,b_2,b_3]$ 를 이웃 변으로 하는 삼각형의 넓이를 구하라.

풀이. $\triangle OAB$ 의 넓이는 a, b 를 이웃 변으로 하는 평행사변형

의 넓이의 반이므로 $\triangle OAB$ 의 넓이는 $\frac{1}{2}\|a\times b\|$ 이다. 그러므로 삼각형의 넓이는

$$\begin{aligned}&\frac{1}{2}\|a\times b\|\\ =\ &\frac{1}{2}\sqrt{(a_2b_3-a_3b_2)^2+(a_3b_1-a_1b_3)^2+(a_1b_2-a_2b_1)^2}\end{aligned}$$

예 25 세 점 $P(1,2,1)$, $Q(2,3,2)$, $R(1,4,2)$ 을 잇는 $\triangle PQR$ 의 넓이를 구하라.

풀이. $\triangle PQR$ 의 넓이는 $a=\overrightarrow{PQ}=[1,1,1]$, $b=\overrightarrow{PR}=[0,2,1]$ 을 이웃 변으로 하는 평행사변형의 넓이의 반이므로 예 24에 의하여

$$\frac{1}{2}\|a\times b\|=\frac{\sqrt{6}}{2}$$

예 26 벡터 $a=[1,1,2]$, $b=[-1,2,1]$, $c=[0,3,2]$ 를 이웃하는 세 변으로 하는 평행 6면체의 부피는 $|a\times b\cdot c|$ 이므로 3 이다.

연습문제 1장

문제1~2에서 벡터 w를 그려라.

1. $w=2u-3v$

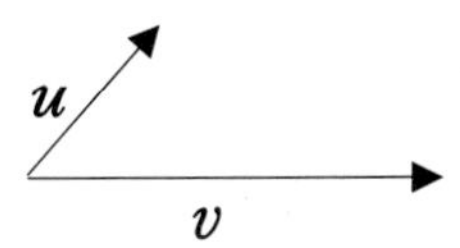

2. $w=u_1+u_2+u_3$

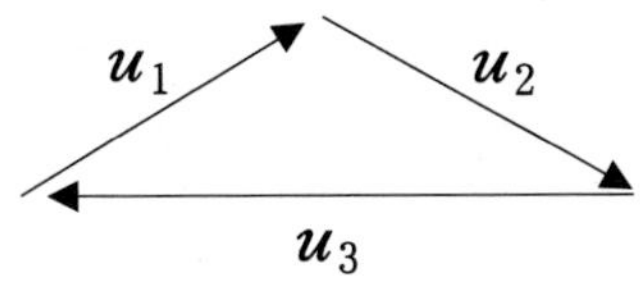

3. 아래 그림은 평행사변형이다. u와 v를 사용하여 w를 표현하라.

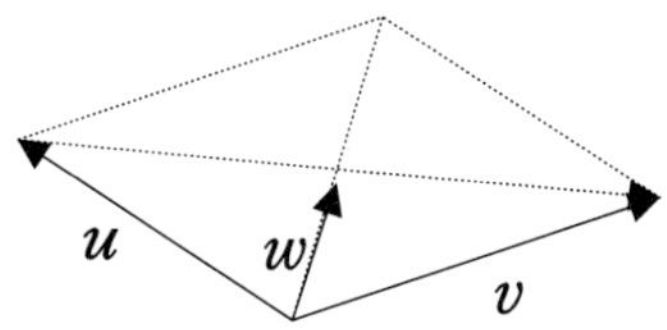

4. 점 $P_1(1,2,4), P_2(4,5,6)$ 대해서, 유향선분 $\overrightarrow{P_1P_2}$를 그리고, 대 응하는 벡터를 $ae_1+be_2+ce_3$ 형태로 표현하라.

5. $a=[3,-1], b=[1,-1], c=[0,5]$라 하자. 다음을 구하라.

(1) $2c\cdot(3a+4b)$ (2) $\|b\|b\cdot a$ (3) $\|c\|^2-c\cdot c$

6. a와 b의 사이각을 구하고, 그림을 그려라.

(1) $a=12e_1, b=-5e_1$ (2) $a=\sqrt{3}e_1+e_2, b=3e_1+\sqrt{3}e_2$

7. 벡터 $[3,-4,5]$와 같은 방향의 단위벡터를 구하라. 그리고 길이가 5인 반대 방향의 벡터를 구하라.

8. 벡터 $u=-e_1+5e_2+3e_3$ 위로 $v=-e_1+e_2-e_3$의 정사영을 구하라.

9. $a=[3,3,1]$, $b=[-2,-1,0]$, $c=[-2,-3,-1]$ 일 때, 다음 각각을 구하라.

(1) $a\times b$ (2) $a\times(b+c)$ (3) $a\cdot(b+c)$ (4) $a\times(b\times c)$

10. 벡터 $a=e_1+2e_2+3e_3$, $b=-2e_1+2e_2-4e_3$ 와 동시에 수직인 벡터를 모두 구하라.

11. $a=2e_1+2e_2-e_3$, $b=-e_1+e_2-4e_3$를 인접한 변들로 가지는 평행사변형의 넓이를 구하라.

12. $(1,2,3)$, $(3,1,5)$, $(4,5,6)$ 을 꼭지점으로 하는 삼각형의 넓이를 구하라.

제2장

벡터공간의 좌표변환

1. 좌표변환과 벡터
2. 일차독립 및 일차종속
3. 기저
4. 좌표벡터
5. 정규직교기저

벡터공간의 좌표변환

평면 또는 공간에 주로 직교좌표축을 도입하여 모든 점을 수표현한다. 그러나 우리가 생각하고자 하는 공간이 갖고 있는 구조에 적합한 좌표축을 설정함으로써 보다 편리하게 공간의 대상들을 표현하고 구조를 쉽게 이해할 수 있다. 따라서 벡터공간의 모든 벡터를 수표현하기 위한 일반적인 좌표변환을 도입하는 방법을 생각해 보기로 한다.

1. 좌표변환과 벡터

1.1. 직선좌표계와 벡터

직선에 좌표변환을 설정한다는 것은 직선 위에 있는 영이 아닌 하나의 벡터를 선택하는 것과 같은 의미이다. 좌표값이 0 인 점에서 1 인 점까지의 즉, 직선 위에 하나의 단위벡터 f가 주어지면 벡터의 시점을 좌표 0 , 종점을 좌표 1 로 하며 임의의 스칼라 a 에 대하여 시점을 좌표가 0 인 점으로 하는 벡터 af 의 종점을 좌표 a 로 한다. 반대로, 직선좌표가 주어지면 이 좌표를 설정하는 단위벡터 f가 존재한다.

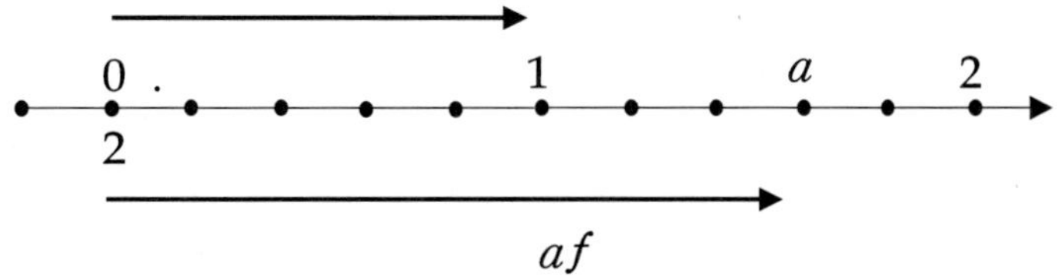

단위의 표현방법은 여러 가지가 있다. 각 단위들은 상황에 따라 표현하기 편리한 단위를 선택한다. 단위를 선택하고 나면 이 단위를 사용하여 벡터를 표현할 수 있다. 예를 들면, 단위로 'kg'를 선택하였을 때 다음과 같은 단위벡터를 생각해 보자.

벡터 f : '쌀의 판매가 1 kg 증가하다.'

이 벡터를 이용하여 위의 그림과 같이 직선좌표변환이 설정되었다고 하자. 즉, 좌표가 a 인 점은 벡터 ae 로서 다음과 같다.

벡터 af : '쌀의 판매가 a kg 증가하다.'

단위를 변환하게 되면 좌표설정 역시 달라진다. 이 변환은 단위에 대한 기본벡터의 변환을 의미한다. 예를 들어, 쌀 5 kg이 1 포대로 포장되었다고 가정하자. '포대' 단위에 대한 단위벡터를 g 라 하면, 1 포대는 5 kg이므로 $g=5f$ 의 관계를 갖는다.

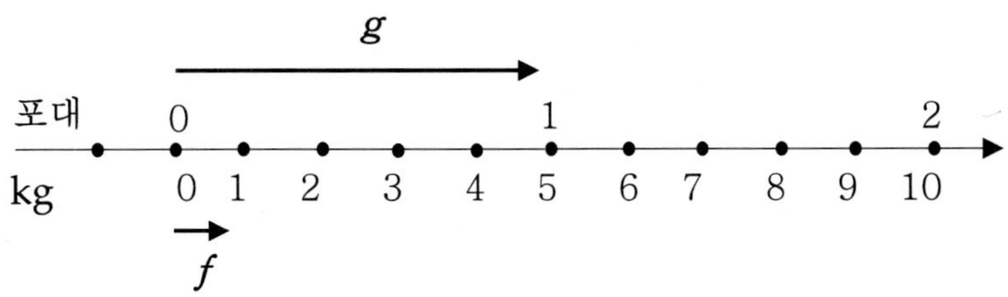

예 1 벡터 v: '쌀의 판매가 12 kg 감소하다' 의 'kg' 단위에 의한 수표현은 $[-12]$ 이다. 그러나, '포대' 단위에 의한 수표현은 $[-2.4]$ 이다. 다시 말하면, $g=5f$ 이므로

$$v=-12f=-12\left(\frac{g}{5}\right)=-2.4g$$

1.2. 평면좌표계와 벡터

직선좌표계에서는 하나의 단위벡터를 필요로 한다. 그러나 평면좌표계에서는 하나의 직선에 있지 않는 두 개의 서로 다른 단위벡터를 필요로 한다.

직교좌표계 주로 사용하는 직교좌표계를 생각해 보자.

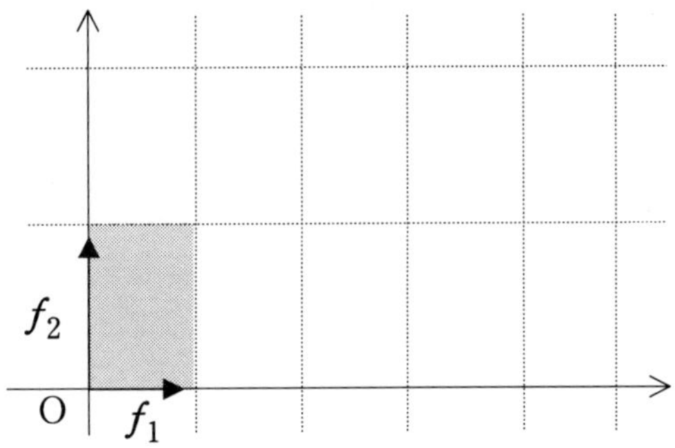

이 직교좌표계는 평면의 한 점 O를 고정시켰을 때, 이 점을 시점으로 하고 서로 수직인 영이 아닌 두 벡터 f_1, f_2를 선택하는 것과 같다. 그러나, 영이 아닌 두 벡터가 수직이 아니더라도 그림에서 주어진 영이 아닌 두 벡터 g_1, g_2는 평면좌표계를 형성함을 알 수 있다.

평면좌표계

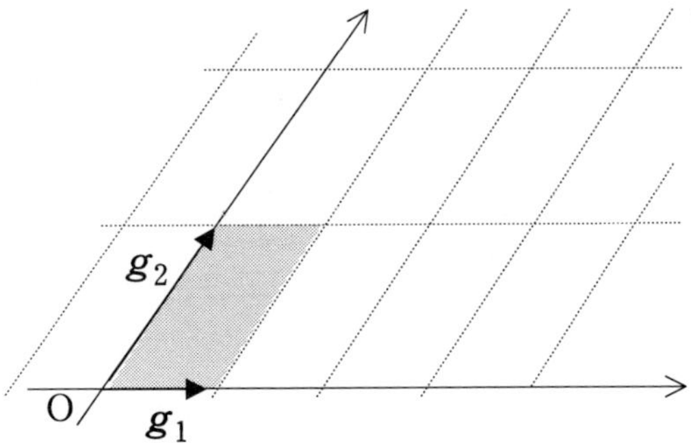

벡터 f_1, f_2와 g_1, g_2에 의한 두 좌표계가 다음과 같은 관계식을 갖는다고 하자.

$$\begin{cases} g_1 = f_1 \\ g_2 = f_1 + f_2 \end{cases}$$

그러므로, 벡터 f_1, f_2에 의한 벡터 $v = 2f_1 + f_2$는 벡터 f_1, f_2로 표현하면 다음과 같다.

$$v = 2f_1 + f_2 = 2g_1 + (g_2 - g_1) = g_1 + g_2$$

따라서, 벡터 v는 f_1, f_2를 단위벡터로 하는 좌표계에서의 수표현은 [2,1] 이며, g_1, g_2를 단위벡터로 하는 좌표계에서의 수표현은 [1,1] 임을 알 수 있다.

1.3. 공간좌표계와 벡터

평면좌표계에서는 두 개의 단위벡터를 필요로 한다. 그러나 공간좌표계에서는 하나의 평면에 있지 않는 세 개의 서로 다른 단위벡터를 필요로 한다. 주로 사용하는 직교좌표계를 생각해 보자.

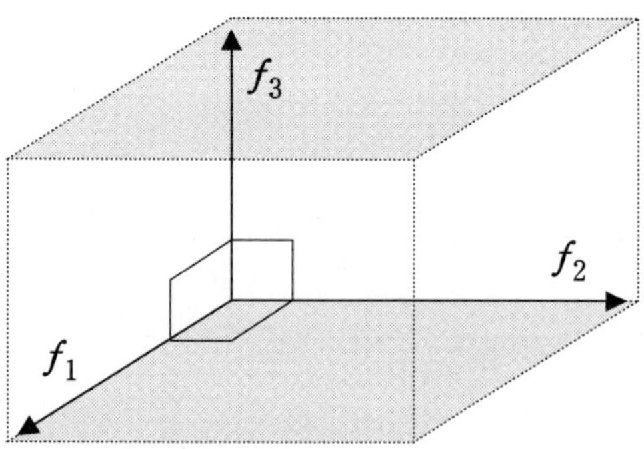

이 직교좌표계는 공간의 한 점 O를 고정시켰을 때, 이 점을 시점으로 하고 서로 수직인 영이 아닌 세 벡터 f_1, f_2, f_3를 선택하는 것과 같다. 그러나, 영이 아닌 세 벡터가 수직이 아니더라도 한 직선에 있지 않으면 좌표계를 형성한다. 예를 들면 다음

공간좌표계 의 그림에서 주어진 영이 아닌 세 벡터 g_1, g_2, g_3는 공간좌표계를 형성할 수 있다.

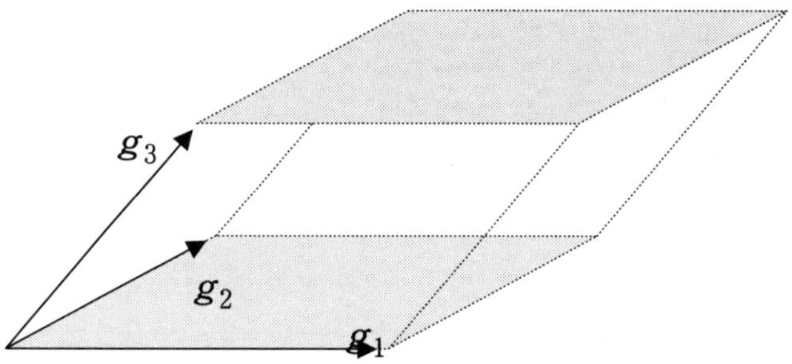

벡터 f_1, f_2, f_3와 g_1, g_2, g_3에 의한 두 좌표계가 다음과 같은 관계식을 갖는다고 하자.

$$\begin{cases} g_1 = f_1 \\ g_2 = -f_2 \\ g_3 = -\frac{1}{2} f_1 + \frac{1}{2} f_2 + f_3 \end{cases}$$

벡터 f_1, f_2, f_3에 의하여 표현된 벡터 $v = 2f_1 + f_2 + 2f_3$를 벡터 g_1, g_2, g_3로 표현하면 다음과 같다.

$$v = 2f_1 + f_2 + 2f_3 = 2g_1 - g_2 + (g_1 + g_2 + 2g_3) = 3g_1 + 2g_3$$

따라서, 벡터 v는 f_1, f_2, f_3를 단위벡터로 하는 좌표변환에서의 수표현은 [2,1,2] 이며, g_1, g_2, g_3를 단위벡터로 하는 좌표변환에서의 수표현은 [3,0,2] 임을 알 수 있다.

2. 일차독립 및 일차종속

임의의 벡터들은 스칼라곱에 의하여 길이를 변화시키며, 두 벡터의 합연산에 의하여 새로운 하나의 벡터를 생성시킨다. 벡터들의 합과 스칼라곱 연산에 의한 벡터의 표현을 다음과 같이 정의한다.

정의 1

벡터의 일차결합

벡터 $v_1, \cdots, v_n$가 주어졌을 때, 다음과 같이 각 벡터들을 늘려서 합한 벡터 v를 $v_1, \cdots, v_n$의 <u>일차결합</u>이라 한다.

$$v = c_1 v_1 + c_2 v_2 + \cdots + c_n v_n$$

벡터들의 일차결합 형태에 따라 다양한 벡터들을 생성시킬 수 있다. 다음의 예를 통하여 3차원 이하의 벡터들에 대한 일차결합을 살펴보자.

예 2 (1차원)벡터 $v=[4]$를 벡터 $v_1=[-2]$의 일차결합으로 나타내어라.

풀이. $v=[4]=-2[-2]=-2\,v_1$

예 3 (2차원)벡터 $v=[1,1]$를 벡터 $v_1=[1,2]$, $v_2=[-1,0]$의 일차결합으로 나타내어라.

풀이. $v=c_1 v_1 + c_2 v_2$을 만족하는 상수 c_1, c_2를 구해보자.

$[1,1]=c_1[1,2]+c_2[-1,0]=[c_1-c_2,\ 2c_1]$ 이므로

$$c_1 = \frac{1}{2},\ c_2 = -\frac{1}{2}$$

따라서, 벡터 v를 v_1, v_2의 일차결합으로 표시하면

$$v = \frac{1}{2}v_1 - \frac{1}{2}v_2$$

예 4 (3차원)벡터 $v = [1, 1, 2]$는 다음과 같은 두 벡터 v_1, v_2의 일차결합으로 나타낼 수 없음을 보여라.

$$v_1 = [1, 1, 0],\ v_2 = [-1, 0, 1]$$

풀이. $v = c_1 v_1 + c_2 v_2$라 놓으면

$$\begin{aligned}[1, 1, 2] = v &= c_1 v_1 + c_2 v_2 \\ &= c_1[1, 1, 0] + c_2[-1, 0, 1] = [c_1 - c_2, c_1, c_2]\end{aligned}$$

그런데, 이 식을 만족하는 c_1, c_2는 존재하지 않으므로 일차결합으로 나타낼 수 없음을 알 수 있다.

위의 예를 통하여, 어떤 벡터는 주어진 벡터들의 일차결합으로 표현될 수 있는가 하면 그렇지 못한 경우도 있음을 알 수 있다. 예 3에서와 같이 벡터 v가 v_1, v_2의 일차결합으로 표시되었을 경우 벡터 v는 v_1, v_2와 서로 종속관계를 갖고 있다고 볼 수 있으며, 그렇지 못한 경우, 즉 예 3에서의 v는 v_1, v_2와 서로 독립적이라 할 수 있다. 물감의 경우에 빨간색과 노란색의 적당한 비율의 배합으로 주황색을 만들 수 있다. 따라서 빨간색, 노란색, 주황색들은 종속관계에 있다고 말한다. 이와 같이, 벡터들 사이의 주어진 벡터들의 관련성(종속성)에 대한 수학적 표현

종속관계

을 하기 위하여 다음의 예들을 통하여 생각해 보자.

예 5 (1차원)벡터 $v_1=[4]$ 과 $v_2=[2]$ 의 관계를 살펴보자. v_1은 v_2를 2배 늘린 것이므로 종속관계에 있으며 수학적 표현은

$$v_1-2v_2=0$$

예 6 (2차원)벡터 $v_1=[1,2]$, $v_2=[-1,0]$, $v_3=[1,4]$ 의 관계를 보면, 벡터 v_1을 두 배 늘려서 벡터 v_2와 합하면 벡터 v_3가 되므로 이들은 종속관계에 있다. 이들의 수학적 표현은

$$2v_1+v_2-v_3=0$$

예 7 (3차원)벡터 $v_1=[1,2,3]$, $v_2=[-1,0,1]$, $v_3=[0,4,8]$ 의 관계를 보면, 벡터 v_1과 v_2를 각각 두 배 늘려서 합하면 벡터 v_3가 되므로 이들은 종속관계에 있다. 이들의 수학적 표현은

$$2v_1+2v_2-v_3=0$$

독립관계

물감의 경우에 빨간색, 노란색, 파란색 가운데 어느 하나의 색은 나머지 색들을 어떠한 비율로 배합하여도 만들 수 없는, 즉 서로 관련성이 전혀 없는 색들이므로 독립관계에 있다고 말할 수 있다. 이와 같이 주어진 벡터들의 서로 무관함(독립성)에 대한 수학적 표현을 하기 위하여 다음의 예들을 통하여 생각해 보자.

예 8 (2차원)벡터 $v_1=[1,2]$, $v_2=[-1,0]$의 관계를 보면, 벡터 v_1을 아무리 늘려도 벡터 v_2를 만들 수는 없으므로 이들은 독립관계에 있다.

예 9 (3차원)벡터 $v_1=[1,1,1]$, $v_2=[-1,0,1]$, $v_3=[0,1,1]$의 관계를 살펴보자. 만약에 벡터 v_1과 v_2를 결합하여 벡터 v_3가 만들어질 수 있다고 가정해 보면 다음의 식을 만족해야 한다.

$$c_1v_1+c_2v_2-v_3=0$$

즉, $[c_1-c_2,\ c_1-1,\ c_1+c_2-1]=[0,0,0]$

그러나 이 식을 만족하는 c_1, c_2는 존재하지 않으므로 벡터 v_3는 v_1과 v_2의 결합으로 만들 수 없다. 이 방법을 적용하면, 각 벡터는 나머지 벡터들의 결합으로 만들 수 없음을 알 수 있다. 따라서 이들 벡터는 서로 독립적임을 알 수 있다.

앞의 설명에서 벡터들이 종속관계를 형성하는 경우의 수식표현은 이들의 일차결합이 영벡터로 나타났으며, 결합에서 사용된 계수들 c_k가운데 최소한 영이 아닌 것이 있음에 유의하면 다음과 같은 관계를 갖는다.

$$c_1v_1 + c_2v_2 + \cdots + c_nv_n = 0, \quad c_1 \neq 0$$

$\Updownarrow$

$$v_1 = -\frac{c_2}{c_1}v_2 - \cdots - \frac{c_n}{c_1}v_n$$

$\Updownarrow$

벡터 v_1은 벡터 $v_2, \cdots, v_n$에 종속되어 있다

다음과 같이 벡터의 일차종속, 일차독립을 이를 바탕으로 정의한다.

정의 2

벡터의 일차종속

$c_1v_1 + c_2v_2 + \cdots + c_nv_n = 0$ 을 만족하는 영이 아닌 상수 c_k가 적어도 하나 존재할 때, 벡터 $v_1, \cdots, v_n$을 <u>일차종속</u>이라 한다.

정의 3

벡터의 일차독립

벡터 $v_1, \cdots, v_n$이 일차종속이 아닐 때, 이를 <u>일차독립</u>이라 한다. 즉,

$$c_1v_1 + c_2v_2 + \cdots + c_nv_n = 0 \;\Rightarrow\; c_k = 0, \quad k = 1, \cdots, n$$

이 정의를 이용하여 위의 예들을 다시 풀어보자.

예 8에서 (2차원)벡터 $v_1 = [1, 2]$, $v_2 = [-1, 0]$ 의 일차독립성을 정의 3에 따라 확인해 보기 위해, 이 두 벡터의 임의의 일차결합을 영벡터라 가정하자. 즉,

$$c_1v_1 + c_2v_2 = 0$$

성분으로 표시하면,

$$c_1[1,2]+c_2[-1,0]=[c_1-c_2, 2c_1]=0$$

이므로 $c_1=c_2=0$ 이다. 그러므로 정의 3에 의하여 v_1, v_2는 일차독립이다.

예 9에서 벡터 $v_1=[1,1,1]$, $v_2=[-1,0,1]$, $v_3=[0,1,1]$ 이 일차독립임을 정의 3에 따라 확인하기 위해,

$$c_1v_1+c_2v_2+c_3v_3=0$$

이라 두면,

$$c_1v_1+c_2v_2+c_3v_3=[c_1-c_2, c_1+c_3, c_1+c_2+c_3]=[0,0,0]$$

이므로 $c_i=0$ $(i=1,2,3)$ 이다. 그러므로 벡터 v_1, v_2, v_3는 일차독립이다.

일차독립과 일차종속에 관한 정의를 이용하여 다음의 성질들을 얻을 수 있다.

정 리 1

(1) 영벡터를 포함하는 벡터들은 일차종속이다.

(2) 벡터 $v_1, \cdots, v_n$이 일차종속이면, 임의의 벡터 w에 대하여 $v_1, \cdots, v_n, w$도 일차종속이다.

(3) 한 평면(직선)위에 있는 세(두) 개의 벡터는 일차종속이다.

(4) 공간에 있는 네 개의 벡터는 일차종속이다.

증명 (3) 그림을 통하여 확인해 보기 위해 다음의 그림과 같이 한 평면위에 세 개의 벡터 a, b, c가 있다고 하자. 임의의 벡터 하나는 나머지 두 벡터의 일차결합으로 다음의 그림과 같이 나타낼 수 있다.

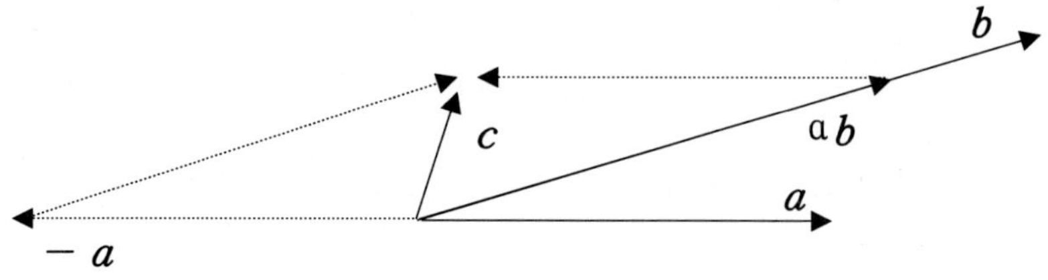

이 그림에서 보는 것처럼 벡터 c는 벡터 a를 반대방향으로 하고, 벡터 b를 적당히 줄여서 합한 것과 같다. 즉,

$$c = \alpha b - a, \quad \alpha\text{는 1보다 작은 상수}$$

3. 기저

3.1. 기본방향벡터

(3차원)공간에서의 임의의 위치에 도달하는 방법을 생각하기 위해 기준점에서 다음과 같은 세 가지 기본방향벡터를 설정할 수 있다.

$$v_1:\text{동쪽으로 } 1km,\ \ v_2:\text{북쪽으로 } 1km,\ \ v_3:\text{위로 } 1km$$

즉 임의의 위치에 도달하기 위해 동쪽으로 xkm, 북쪽으로 ykm, 위로 zkm 가면 된다. 기본방향벡터로 표현하면,

$$xv_1 + yv_2 + zv_3$$

따라서, 이 세 가지 기본방향벡터는 공간의 모든 위치(벡터)를 생성시킨다. 그렇다면 다음의 세 가지의 경우를 생각해 보자.

(1) 두 개 이하의 방향벡터로 모든 위치에 도달할 수 있을까?
(2) 기본방향벡터의 설정방법은 유일한가?
(3) 네 개 이상의 방향벡터로 모든 위치에 도달할 수 있을까?

(1)번의 경우는 성립하지 않는다. 예를 들면, v_1, v_2로는 한 평면의 위치에만 도달할 수 있다.
(2)번의 경우도 성립하지 않는다. 예를 들면, w_1:동쪽으로 $1km$, w_2:동북쪽으로 $1km$, w_3:위로 $1km$를 기본방향벡터로 설정하여도 공간의 모든 위치에 도달할 수 있다.
(3)번의 경우는 네 개의 벡터 가운데 적당한 벡터들로 오든 위치에 도달할 수 있을 때 성립한다. 즉 기본방향벡터 v_1, v_2, v_3와 더불어 $v_4 = w_2$로 공간의 모든 위치에 도달할 수 있기 때

문이다. 그러나 v_1, v_2, v_3, v_4 가운데 하나는 불필요하다는 데 주목할 필요가 있다. 따라서, 이 벡터들은 기본방향벡터로 바람직하지 않다.

방향벡터의 종류	일차 독립	일차결합	공간의 모든 위치 생성	기본방향 벡터
v_1, v_2	YES	$c_1v_1 + c_2v_2$	NO	NO
v_1, v_2, v_3	YES	$c_1v_1 + c_2v_2 + c_3v_3$	YES	YES
w_1, w_2, w_3	YES	$c_1w_1 + c_2w_2 + c_3w_3$	YES	YES
v_1, v_2, v_3, v_4	NO	$c_1v_1 + c_2v_2 + c_3v_3 + c_4v_4$	YES	NO

3.2. 생성원, 기저

기본방향벡터의 예를 통하여 언급한 내용들을 바탕으로 생성원과 기저에 대한 수학적 정의를 다음과 같이 할 수 있다.

정의 4

벡터공간의 생성원

공간의 모든 벡터들을 벡터 $v_1, \cdots, v_n$의 일차결합으로 생성시킬 수 있을 때, $\{v_1, \cdots, v_n\}$을 생성원(generator)이라 한다.

정의 5

벡터공간의 기저

공간의 생성원이면서 일차독립인 벡터들의 모임을 기저(basis)라 한다.

정의에서 언급한 것처럼, 생성원이란 주어진 공간의 모든 벡터를 일차결합으로 표현할 수 있는 벡터들로서 필요 이상의 벡터들이 포함되어도 상관이 없음을 의미한다. 따라서, 생성원 가운데 불필요한 벡터들을 제외한 최소한의 벡터들이 기저임을 의미한다.

예 10 (1차원)벡터 $v=[2]$ 의 모임 $B=\{v\}$ 은 R 의 기저임을 보여라.

풀이. ① 임의의 벡터 $x=[x]$ 에 대하여, $x=(\frac{x}{2})v$ 이므로 $v=[2]$ 는 생성원이다.

② $cv=0$ 이면 $c=0$ 이므로, $v=[2]$ 는 일차독립이다. 따라서 B 는 벡터공간 R 의 기저이다.

예 11 (2차원)벡터 $v_1=[1,2]$, $v_2=[-1,0]$ 의 모임 $B=\{v_1, v_2\}$ 은 R^2 의 기저임을 보여라.

풀이. ① 임의의 벡터 $x=[a, b]$ 에 대하여,

$$x=[a,b]=(\frac{b}{2})v_1+(\frac{b}{2}-a)v_2$$

이므로 $B=\{v_1, v_2\}$ 는 생성원이다.

② v_1, v_2가 일차독립임을 보이기 위해 정의에 의하여

$$c_1v_1+c_2v_2=0$$

라 두면 $[c_1-c_2, 2c_1]=[0,0]$ 이므로 $c_1=c_2=0$. 즉, v_1, v_2 는 일차독립이다. 따라서 B 는 벡터공간 R^2 의 기저이다.

다음의 정리를 이용하면 기저가 되는 것을 간단히 확인할 수 있다. 이 결과는 지금까지 기저에 관해 언급한 내용들을 이용하면 쉽게 증명할 수 있다.

정 리 2

기저의 성질

(1) 1차원 벡터공간 R에서 영이 아닌 하나의 벡터의 모임은 R의 기저이다.

(2) 2차원 벡터공간 R^2에서 일차독립인 2개의 벡터들의 모임은 R^2의 기저이다.

(3) 3차원 벡터공간 R^3에서 일차독립인 3개의 벡터들의 모임은 R^3의 기저이다.

예 12 (3차원)벡터 $v_1 = [1, 2, 1]$, $v_2 = [0, 1, 1]$, $v_3 = [-1, 1, 1]$의 모임 $B = \{v_1, v_2, v_3\}$이 R^3의 기저임을 보여라.

풀이. 정리 2에 의하여 일차독립임을 증명하면 충분하므로 다음과 같이 가정하자.

$$c_1 v_1 + c_2 v_2 + c_3 v_3 = 0$$

$[c_1 - c_3, 2c_1 + c_2 + c_3, c_1 + c_2 + c_3] = [0, 0, 0]$을 만족하는 c_1, c_2, c_3는 모두 0이다. 그러므로 $B = \{v_1, v_2, v_3\}$는 R^3의 기저이다.

4. 좌표벡터

기저가 설정되면 임의의 벡터를 기저 벡터들의 일차결합으로 표현이 가능하다. 따라서, 모든 벡터를 기저의 일차결합에 의해 결정된 계수들로 나타낼 수 있다.

정의 6

좌표벡터 $B=\{v_1, \cdots, v_n\}$가 R^n의 기저이면 임의의 벡터 v가 다음과 같이 기저 벡터들의 일차결합으로 표현된다.

$$v = c_1 v_1 + \cdots + c_n v_n$$

이 일차결합에서의 계수들에 의한 벡터 $[c_1, \cdots, c_n]$를 v의 기저 B에 관한 좌표벡터라 하고, v_B로 표시한다.

예 13 벡터 $v_1=[1,2]$, $v_2=[-1,1]$의 모임 $B=\{v_1, v_2\}$을 R^2의 기저로 하면, 벡터 $v=[1,5]$는 $v=2v_1+v_2$이므로, 벡터 v의 좌표벡터 v_B는 $[2,1]$이다.

예 14 벡터 $v_1=[1,2,1]$, $v_2=[0,1,1]$, $v_3=[-1,1,1]$의 모임 $B=\{v_1, v_2, v_3\}$을 R^3의 기저로 하면, 벡터 $v=[-2,7,6]$는 $v=v_1+2v_2+3v_3$이므로, 벡터 v의 좌표벡터 v_B는 $[1,2,3]$이다.

이와 같이 기저가 주어지면 임의의 벡터를 수표현 즉, 좌표벡터로 표현할 수 있다. 따라서, 벡터공간의 기저는 좌표변환이라 할 수 있다.

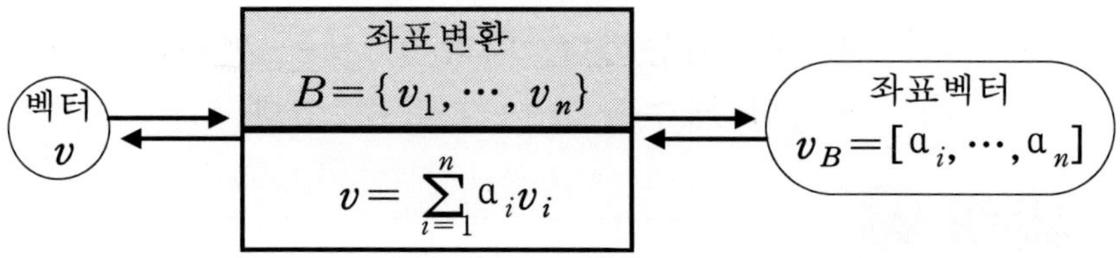

5. 정규직교기저

주어진 공간의 벡터들을 수표현하기 위한 기저를 설정하는 방법은 무수히 많다. 기저의 선택에 따라 수표현과 계산의 용이성이 좌우된다. 따라서, 공간의 구조에 맞게 기저를 선택하는 것이 바람직하다. 주로 사용되는 대표적인 기저로서 정규직교기저가 있다. 이에 관해 생각해 보자.

정의 7

직교기저

서로 수직인 벡터들로 구성된 기저를 직교기저라 하며, 특히 크기가 1인 벡터들로 구성된 직교기저를 정규직교기저라 한다.

예 15 기본단위벡터 $e_1=[1,0,0], e_2=[0,1,0], e_3=[0,0,1]$ 은 기저이고 $e_i \cdot e_j=\delta_{ij}$이므로, $B=\{e_1, e_2, e_3\}$는 R^3의 정규직교기저이다. (이러한 기저를 R^3의 표준기저라 한다.)

예 16 $v_1=[\frac{1}{\sqrt{2}}, \frac{1}{\sqrt{2}}]$, $v_2=[\frac{1}{\sqrt{2}}, -\frac{1}{\sqrt{2}}]$는 일차독립임과 동시에 서로 수직이고 길이가 1 인 벡터들이므로 $B=\{v_1, v_2\}$는 R^2의 정규직교기저이다.

예 17 $v_1=[0,1,0]$, $v_2=[-\frac{4}{5}, 0, \frac{3}{5}]$, $v_3=[\frac{3}{5}, 0, \frac{4}{5}]$는 일차독립임과 동시에 서로 수직이고 길이가 1 인 벡터들이므로 $B=\{v_1, v_2, v_3\}$는 R^3의 정규직교기저이다.

정규직교기저를 도입하면 다음의 정리에 의하여 모든 벡터의 수표현을 쉽게 결정할 수 있다.

정 리 3

$B=\{v_1, \cdots, v_n\}$가 R^n의 정규직교기저이면 R^n의 임의의 벡터 v는 다음과 같이 표현된다.

$$v=(v\cdot v_1)v_1+\cdots+(v\cdot v_n)v_n$$

즉, 벡터 v의 기저 B에 관한 좌표벡터는 다음과 같다.

$$v_B=[v\cdot v_1, \cdots, v\cdot v_n]$$

예 18 $v_1=[\frac{1}{\sqrt{2}}, \frac{1}{\sqrt{2}}]$, $v_2=[\frac{1}{\sqrt{2}}, -\frac{1}{\sqrt{2}}]$의 모임 $B=\{v_1, v_2\}$는 R^2의 정규직교기저이므로, 벡터 $v=[1,2]$를 이 기저의 일차결합으로 표현하면

$$v=(v\cdot v_1)v_1+(v\cdot v_2)v_2=(\frac{3}{\sqrt{2}})v_1+(-\frac{1}{\sqrt{2}})v_2$$

그러므로, 벡터 v의 기저 B에 관한 좌표벡터는 다음과 같다.

$$v_B=[\frac{3}{\sqrt{2}}, -\frac{1}{\sqrt{2}}]$$

연습문제 2장

1. 벡터 f_1, f_2와 g_1, g_2에 의한 두 좌표계가 다음과 같은 관계식을 가질 때 f_1, f_2를 단위벡터로 하는 좌표계에서의 수표현이 [2,3]인 벡터 v의 g_1, g_2를 단위벡터로 하는 좌표계에서의 수표현을 구하라.

$$\begin{cases} g_1 = f_1 - f_2 \\ g_2 = f_1 + f_2 \end{cases}$$

2. 벡터 f_1, f_2, f_3와 g_1, g_2, g_3에 의한 두 좌표계가 다음과 같은 관계식을 가질 때 f_1, f_2, f_3를 단위벡터로 하는 좌표계에서의 수표현이 [1,2,3]인 벡터 v의 g_1, g_2, g_3를 단위벡터로 하는 좌표계에서의 수표현을 구하라.

$$\begin{cases} g_1 = f_1 + f_2 \\ g_2 = f_1 - f_2 \\ g_3 = f_1 + f_2 + f_3 \end{cases}$$

3. a, b가 다음의 벡터들일 때 일차독립인지 일차종속인지 결정하라.

(1) $a = [1, 2]$, $b = [-1, 2]$

(2) $a = [2, 1]$, $b = [2, -3]$, $c = [1, 2]$

(3) $a = [1, 2, 3]$, $b = [-2, 1, 1]$

(4) $a = [1, 2, 3]$, $b = [-2, 1, 1]$, $c = [0, 5, 7]$

(5) $(1, 1, 1)$, $(1, 1, 0)$, $(1, 0, 0)$

4. 다음 벡터에 대하여 기저임을 보여라.

(1) $u = [1, 0, 0]$, $v = [0, 2, 0]$, $w = [0, 0, 3]$

(2) $u = [1, 0, 1]$, $v = [0, 1, 1]$, $w = [1, 1, 0]$

(3) $u = [1, 0, 0]$, $v = [1, 1, 0]$, $w = [1, 1, 1]$

5. $a=(t,1,0)$, $b=(1,t,1)$, $c=(0,1,t)$가 R^3의 기저가 되기 위한 실수 t의 조건을 구하라.

6. 다음의 벡터들을 기저로 하였을 때, 각 기저에 대한 벡터 $v=[1,1]$ 의 좌표벡터를 구하라.

(1) $a=[1,2]$, $b=[-1,2]$

(2) $a=[2,-3]$, $b=[1,2]$

7. 다음의 벡터들을 기저로 하였을 때, 벡터 $v=[1,2,1]$ 의 좌표벡터를 구하라.

(1) $u=[1,0,0]$, $v=[0,2,0]$, $w=[0,0,3]$

(2) $u=[1,0,1]$, $v=[0,1,1]$, $w=[1,1,0]$

8, 다음의 세 벡터들의 집합 $\{a, b, c\}$ 이 R^2 의 정규직교기저임을 보여라.

$$a=\left[\frac{1}{\sqrt{3}},\frac{1}{\sqrt{3}}\frac{1}{\sqrt{3}}\right]$$
$$b=\left[-\frac{2}{\sqrt{6}},\frac{1}{\sqrt{6}},\frac{1}{\sqrt{6}}\right]$$
$$c=\left[0,-\frac{1}{\sqrt{2}},\frac{1}{\sqrt{2}}\right]$$

그리고, 내적을 이용하여 다음 벡터들의 이 기저에 관한 좌표벡터를 구하라.

(1) $u=[1,2,3]$ (2) $v=[2,-3,1]$

제3장

행 렬

1. 행렬의 정의 및 종류

2. 행렬의 연산

행 렬

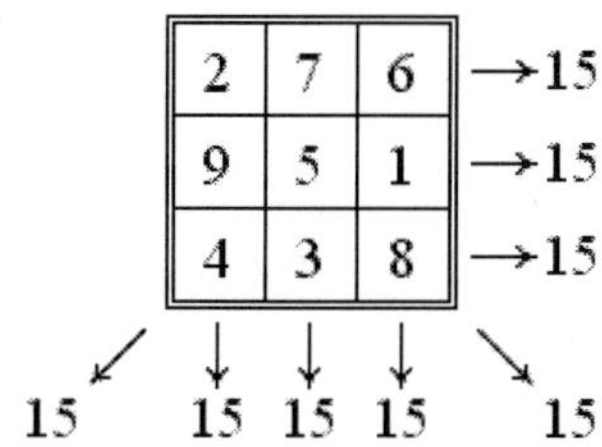

행렬에 대한 연구는 아주 오래 전인 기원전 2800년경 고대 중국에서 매직 사각형에 관한 유래를 갖고 있다. 또한 연립일차방정식을 풀이하는데 행렬을 이용하는 오랜 역사를 갖고 있으며, 1848년 Sylvester가 행렬(matrix)의 용어를 처음 사용하였다.

1. 행렬의 정의 및 종류

1.1. 행렬의 정의

벡터공간에서 언급한 것처럼 공간의 기저를 설정함으로써 임의의 벡터를 좌표벡터로 수표현하였다. 좌표벡터는 수들의 1차원 배열이므로 2차원으로 배열된 수들의 표현 즉 행렬의 필요성을 다음의 예를 통하여 생각해 본다. 이를 바탕으로 수에서의 연산인 합과 곱, 벡터에서의 연산인 합과 스칼라곱을 일반화한 행렬의 합, 곱, 스칼라곱을 정의하고 이에 관한 성질들을 조사해 보기로 한다.

다음 표는 100점을 만점으로 하는 영어와 수학의 시험에 대한 갑, 을 두 사람의 성적표이다. 이 표에서 성적을 나타내는 숫자의 배열은 그대로 두고 괄호를 써서 간단히 오른쪽과 같이 나타낼 수 있다.

	영어	수학
갑	95	85
을	85	90

$$\begin{bmatrix} 95 & 85 \\ 85 & 90 \end{bmatrix}$$

이와 같이 수나 문자를 괄호 안에 직사각형의 형태로 배열한 것을 다음과 같이 정의한다.

정의 1

행렬

수 또는 문자를 m개의 행과 n개의 열로 구성한 직사각형 모양의 배열을 $m\times n$ 행렬(matrix)이라 한다.

행렬은 구성성분이 실수, 복소수 범위에 따라 실행렬, 복소행렬이라 부른다. 특별한 언급이 없으면 실행렬을 의미하기로 한다.

♣**주의:** 행렬은 벡터의 일반적인 모양이다. 예를 들면, 벡터 $[1,2,3]$는 하나의 행과 세 개의 열을 갖는 행렬로 볼 수 있다. 즉, 1×3 행렬이다.

♣**주의:** 행렬에서는 벡터와 달리 구성원소들 사이에 쉼표 ',' 를 표시하지 않는다.

1.2. 행렬의 용어 및 표기방법

▣ 행렬에서 주로 사용되는 용어를 요약하면 다음과 같다.

① 행(row) : 행렬의 가로줄
② 열(column) : 행렬의 세로줄
③ 정방행렬(square matrix) : 행과 열이 같은 행렬

④ n차 정방행렬 : $n \times n$ 정방행렬

⑤ 열행렬(column matrix) 또는 열벡터(column vector) : 하나의 열만을 갖는 행렬

⑥ 행행렬(row matrix) 또는 행벡터(row vector) : 하나의 행만을 갖는 행렬

⑦ 영행렬(zero matrix) : 모든 원소가 0 인 행렬 (0 으로 표기)

예 1 2×3 행렬 $\begin{bmatrix} 1 & 2 & 3 \\ 4 & 5 & 6 \end{bmatrix}$, 3×2 행렬 $\begin{bmatrix} 1 & 2 \\ 4 & 5 \\ 6 & 7 \end{bmatrix}$

1차 정방행렬 $[2]$ 2차 정방행렬 $\begin{bmatrix} 2 & 5 \\ 8 & 3 \end{bmatrix}$ 3차 정방행렬 $\begin{bmatrix} 2 & 5 & 5 \\ 8 & 3 & 5 \\ 1 & 3 & 4 \end{bmatrix}$

행벡터 $[1\ 2\ 3]$, 열벡터 $\begin{bmatrix} 2 \\ 3 \\ 6 \end{bmatrix}$

▣ 행렬과 구성원소를 표기하는 방법을 요약하면 다음과 같다.

① 행렬의 표기 : 영문자의 대문자 즉, $A, B, C, \cdots$

② 행렬 A 의 i행 j열의 원소표기 : $A(i, j) = a_{ij}$ (이것을 A 의 (i, j) 원소 또는 성분이라 한다.)

이런 방법으로 $m \times n$ 행렬 A 를 나타내면 다음과 같다.

$$A = \begin{bmatrix} a_{11} & a_{12} & \cdots & a_{1j} & \cdots & a_{1n} \\ a_{12} & a_{22} & \cdots & a_{2j} & \cdots & a_{2n} \\ \vdots & \vdots & \ddots & \vdots & \ddots & \vdots \\ a_{i1} & a_{i2} & \cdots & a_{ij} & \cdots & a_{in} \\ \vdots & \vdots & \ddots & \vdots & \ddots & \vdots \\ a_{m1} & a_{m2} & \cdots & a_{mj} & \cdots & a_{mn} \end{bmatrix} \text{ 또는 } A = [a_{ij}]_{m \times n}$$

③ 행렬의 크기를 강조할 필요가 없을 때 간단히 $A = [a_{ij}]$ 로 표기한다.

④ n차 정방행렬 $A=[a_{ij}]_{m\times n}$에서 대각선상의 원소 a_{ii} $(i=1,\cdots,n)$를 A의 대각원소(diagonal element)라 한다.

1.3. 정방행렬의 종류

① 대각행렬(diagonal matrix) D : 대각원소 이외의 모든 원소가 0 인 정방행렬.

$$D=\begin{bmatrix} a_{11} & 0 & \cdots & 0 \\ 0 & a_{22} & \cdots & 0 \\ \vdots & \vdots & & \vdots \\ 0 & 0 & \cdots & a_{nn} \end{bmatrix}$$

② 상(하)삼각행렬(upper(lower) triangular matrix) $U(L)$: 대각선 아래(위)의 모든 원소가 0 인 정방행렬.

$$U=\begin{bmatrix} a_{11} & a_{12} & \cdots & a_{1n} \\ 0 & a_{22} & \cdots & a_{2n} \\ \vdots & \vdots & & \vdots \\ 0 & 0 & \cdots & a_{nn} \end{bmatrix} \quad \left(L=\begin{bmatrix} a_{11} & 0 & \cdots & 0 \\ a_{21} & a_{22} & \cdots & 0 \\ \vdots & \vdots & & \vdots \\ a_{n1} & a_{n2} & \cdots & a_{nn} \end{bmatrix} \right)$$

③ 단위행렬(identity matrix) : 대각원소가 모두 1 인 대각행렬. $n\times n$ 단위행렬을 I_n 또는 간단히 I 로 표기

$$I=\begin{bmatrix} 1 & 0 & \cdots 0 \\ 0 & 1 & \cdots 0 \\ \vdots & \vdots & \vdots \\ 0 & 0 & \cdots 1 \end{bmatrix}$$

2. 행렬의 연산

행렬은 벡터의 일반적인 모양이다. 즉, 같은 크기의 벡터를 여러 개 묶은 것이다. 벡터에서의 합, 스칼라곱, 내적과 같은 연산 역시 일반화시켜 행렬에 적용해 보자.

2.1. 행렬의 합

다음 표는 100점을 만점으로 하는 영어와 수학의 시험에 대한 갑, 을 두 사람의 중간, 기말시험 성적표이다.

<중간시험> (단위 : 점)

	영어	수학
갑	95	85
을	85	90

<기말시험> (단위 : 점)

	영어	수학
갑	85	80
을	90	85

이들 각각의 성적을 표현하는 행렬을 각각 A, B라 하면 다음과 같다.

$$A = \begin{bmatrix} 95 & 85 \\ 85 & 90 \end{bmatrix}, \quad B = \begin{bmatrix} 85 & 80 \\ 90 & 85 \end{bmatrix}$$

이 때, 갑과 을의 각 과목에 대한 중간시험과 기말시험의 합계를 나타내는 행렬을 C라 하면, C의 각 원소는 A, B 각 행렬의 같은 위치의 원소들을 합한 것과 같다. 즉,

<합계> (단위 : 점)

	영어	수학
갑	180	165
을	175	175

$$C=\begin{bmatrix} 180 & 165 \\ 175 & 175 \end{bmatrix}$$

이와 같이 두 행렬 A와 B가 같은 크기일 때, A와 B에 대응하는 각 원소의 합을 원소로 하는 새로운 행렬을 다음과 같이 정의한다.

정의 2

행렬의 합

$m\times n$ 행렬 $A=[a_{ij}]$, $B=[b_{ij}]$에 대하여 다음을 만족하는 행렬 C를 A와 B의 합(sum)이라 하고 $A+B$로 표기한다.

$$A+B=[c_{ij}],\ \text{여기서}\ c_{ij}=a_{ij}+b_{ij}$$

2.2. 행렬의 스칼라곱

갑과 을의 중간 기말시험의 평균을 나타내는 표와 이를 표현한 행렬은 다음과 같다.

<합계> (단위 : 점)

	영어	수학
갑	90	82.5
을	87.5	87.5

$$\begin{bmatrix} 90 & 82.5 \\ 87.5 & 87.5 \end{bmatrix}=\begin{bmatrix} \frac{1}{2}(95+85) & \frac{1}{2}(85+80) \\ \frac{1}{2}(85+90) & \frac{1}{2}(90+85) \end{bmatrix}$$

이 행렬의 각 원소는 A, B의 합인 행렬 $C = A + B$의 각 원소에 $\frac{1}{2}$을 곱한 것과 같다. 이와 같이 행렬의 각 원소에 하나의 수를 곱하는 연산이 의미를 갖는다.

정의 3

행렬의 스칼라곱

$A = [a_{ij}]$가 행렬이고 k가 스칼라일 때, A의 스칼라곱 kA를 다음과 같이 정의한다.

$$kA = [c_{ij}], \quad c_{ij} = k\, a_{ij}$$

여기서, 스칼라 k가 -1인 경우의 스칼라곱인 $kA = (-1)A$를 간단히 $-A$로 표기한다.

2.3. 행렬의 차

갑과 을의 과목별 중간, 기말시험의 성적향상 정도를 표로 나타내면 다음과 같다. 여기서 양수는 성적향상을 음수는 하락을 의미한다. 이 표를 나타내는 행렬의 각 성분은 중간과 기말시험 성적표를 나타내는 행렬인 A, B 각 행렬의 같은 위치의 성분들을 뺀 것과 같다.

<합계> (단위 : 점)

	영어	수학
갑	-10	-5
을	5	-5

$$\begin{bmatrix} -10 & -5 \\ 5 & -5 \end{bmatrix} = \begin{bmatrix} 85-95 & 80-85 \\ 90-85 & 85-90 \end{bmatrix}$$

정의 4

행렬의 차

$m \times n$ 행렬 B와 A의 차(difference) $B-A$를 다음과 같이 정의한다.

$$B-A := B+(-1)A$$

2.4. 행렬의 합, 스칼라곱 연산의 성질

앞에서 정의한 행렬연산인 합, 스칼라곱, 차에 관한 성질들을 정리하면 다음과 같다.

정리 1

행렬연산의 성질

A, B, C가 같은 크기의 행렬일 때, 스칼라 k, l에 대하여

(1) $A+B = B+A$

(2) $A+(B+C) = (A+B)+C$

(3) $A+0 = 0+A = A$

(4) $A+(-A) = (-A)+A = 0$

(5) $k(A+B) = kA+kB$

(6) $(k+l)A = kA+lA$

(7) $(kl)A = k(lA)$

증명 (5) $A=[a_{ij}]$, $B=[b_{ij}]$라 하면 $A+B$의 (i,j)원소는 $a_{ij}+b_{ij}$이므로, $k(A+B)$의 (i,j)원소는

$$k(a_{ij}+b_{ij}) = ka_{ij}+kb_{ij}$$

즉, kA의 (i,j)원소와 kB의 (i,j)원소의 합과 같다. 그러므로, $k(A+B)=kA+kB$

2.5. 행렬의 곱

다음은 두 문구점 P, Q 에서 팔고 있는 제품1, 제품2의 단가와 갑, 을이 사려고 하는 제품1과 제품2의 수량을 나타낸 것이다.

<단가>

	제품1	제품2
P	180	100
Q	200	90

<수량>

	갑	을
제품1	3	4
제품2	4	2

이 때 P, Q 에 갑, 을이 지불할 금액은 다음과 같다.

① P 에 갑이 지불할 금액 ⇒ $180 \times 3 + 100 \times 4$
② P 에 을이 지불할 금액 ⇒ $180 \times 4 + 100 \times 2$
③ Q 에 갑이 지불할 금액 ⇒ $200 \times 3 + 90 \times 4$
④ Q 에 을이 지불할 금액 ⇒ $200 \times 4 + 90 \times 2$

P, Q 에 갑, 을이 지불할 금액을 표로 나타내면 다음과 같다.

<지불금액>

	갑	을
P	$180 \times 3 + 100 \times 4$	$180 \times 4 + 100 \times 2$
Q	$200 \times 3 + 90 \times 4$	$200 \times 4 + 90 \times 2$

단가, 수량, 지불금액을 표현한 행렬을 각각 A, B, C 라 하면 다음과 같다.

$$A = \begin{bmatrix} 180 & 100 \\ 200 & 90 \end{bmatrix},\ B = \begin{bmatrix} 3 & 4 \\ 4 & 2 \end{bmatrix},$$

$$C = \begin{bmatrix} 180\times3+100\times4 & 180\times4+100\times2 \\ 200\times3+\ 90\times4 & 200\times4+\ 90\times2 \end{bmatrix}$$

예를 들면, 행렬 C의 $(1,1)$ 원소는 행렬 A의 제 1 행과 행렬 B의 제 1 열의 원소를 차례로 곱하여 합한 것, 즉 행렬 A의 1 행 벡터와 행렬 B의 1 열 벡터의 내적을 의미한다. 이와 같이 P, Q에 갑, 을이 지불할 금액은 행렬 A의 각 행벡터와 행렬 B의 각 열벡터의 내적에 의하여 결정됨을 알 수 있다. 이러한 연산방법을 행렬에 도입하는 것이 아주 중요한 의미를 갖는다. '단가 $\times$수량 $=$ 지불금액'의 계산을 일반화한 것으로서 이 연산을 행렬의 곱이라 한다. 즉, 행렬 C를 두 행렬 A, B의 곱이라 하고 AB로 나타낸다.

일반적으로, A가 $m\times n$ 행렬, B가 $n\times s$ 행렬일 때 행렬의 곱 AB는 $m\times s$ 행렬이고 AB의 (i,j) 성분은 A의 i행 벡터와 B의 j열 벡터의 내적을 의미한다. 즉, 임의의 두 행렬에 대하여 행렬곱을 다음과 같이 정의한다.

정의 5

행렬의 곱

행렬 $A_{m\times n}$과 행렬 $A_{n\times s}$에 대하여, A의 i행 벡터와 B의 j열 벡터의 내적을 (i,j) 성분으로 하는 행렬을 AB라 표기하고, 행렬 A, B의 곱(multiplication)이라 한다.

$$AB = \begin{bmatrix} a_{11} & \cdots & a_{1n} \\ \vdots & & \vdots \\ a_{i1} & \cdots & a_{in} \\ \vdots & & \vdots \\ a_{m1} & \cdots & a_{mn} \end{bmatrix} \begin{bmatrix} b_{11} & \cdots & b_{1j} & \cdots & b_{1s} \\ \vdots & & \vdots & & \vdots \\ b_{n1} & \cdots & b_{nj} & \cdots & b_{ns} \end{bmatrix} = [c_{ij}]$$

여기서, $c_{ij} = a_{i1}b_{1j} + a_{i2}b_{2j} + \cdots + a_{in}b_{nj}$

$$= \sum_{k=1}^{n} a_{ik}b_{kj}$$

♣주의: 일반적으로 두 행렬 A, B에 대하여 A의 열의 개수와 B의 행의 개수가 같을 때에만, A, B의 곱 AB가 정의된다.

♣주의: 벡터 $a = [a_1, a_2, \cdots, a_n]$과 $x = [x_1, x_2, \cdots, x_n]$의 내적 $a \cdot x$는 다음과 같이 행렬의 곱에 의한 1×1 행렬로 해석될 수 있다.

$$a \cdot x = a\,x^T = [a_1\ a_2\ \cdots\ a_n]\begin{bmatrix} x_1 \\ x_2 \\ \vdots \\ x_n \end{bmatrix}$$

$$= [a_1x_1 + a_2x_2 + \cdots + a_nx_n] = \left[\sum_{i=1}^{n} a_ix_i\right]$$

여기서, x^T는 2.8에 소개될 행렬 x의 전치행렬을 의미한다.

2.6. 행렬의 곱에 관한 성질

행렬의 곱에 관한 성질들을 요약하면 다음과 같다.

정 리 2

행렬곱의 성질

A, B, C가 각각 $m \times n$, $n \times p$, $p \times r$ 행렬, D가 $n \times p$ 행렬일 때 스칼라 k, l에 대하여

(1) $(AB)C = A(BC)$

(2) $AI_n = A = I_mA$

(3) $k(AB) = (kA)B = A(kB)$

(4) $k(lA) = (kl)A$

(5) $A(B+D)=AB+AD$

증명 행렬곱의 결합법칙이 성립함을 보이기 위하여 행렬 $(AB)C$ 의 (i, j) 원소와 $A(BC)$ 의 (i, j) 원소가 같음을 보이면 된다.

(1) 행렬 AB 의 (i, j) 원소 : $(AB)(i, j)=\sum_{\mu=1}^{n} a_{i\mu} b_{\mu j}$

행렬 $(AB)C$ 의 (i, j) 원소 :

$$\begin{aligned}((AB)C)(i, j) &= \sum_{\lambda=1}^{p}(AB)(i,\lambda)C(\lambda, j)\\ &= \sum_{\lambda=1}^{p}\left(\sum_{\mu=1}^{n} a_{i\mu} b_{\mu\lambda}\right)c_{\lambda j}\\ &= \sum_{\mu=1}^{n}\sum_{\lambda=1}^{p} a_{i\mu} b_{\mu\lambda} c_{\lambda j}\end{aligned}$$

행렬 BC 의 (i, j) 원소 : $(BC)(i, j)=\sum_{\lambda=1}^{p} b_{i\lambda} c_{\lambda j}$

행렬 $A(BC)$ 의 (i, j) 원소 :

$$\begin{aligned}(A(BC))(i, j) &= \sum_{\mu=1}^{n} a_{i\mu}(BC)(\mu, j) = \sum_{\mu=1}^{n} a_{i\mu}\sum_{\lambda=1}^{p} b_{\mu\lambda} c_{\lambda j}\\ &= \sum_{\mu=1}^{n}\sum_{\lambda=1}^{p} a_{i\mu} b_{\mu\lambda} c_{\lambda j}\end{aligned}$$

즉, 임의의 i, j 에 대하여 $[(AB)C](i, j)=[A(BC)](i, j)$ 이므로 $(AB)C=A(BC)$ 이 성립한다.

♣주의: A 또는 B가 영행렬이면 $AB=0$ 이지만 A, B 가 모두 영행렬이 아니더라도 $AB=0$ 인 경우가 있다. 예를 들면, 영이 아닌 2차 정방행렬 $A=\begin{bmatrix} 2 & 0 \\ 1 & 0 \end{bmatrix}$ 와 $B=\begin{bmatrix} 0 & 0 \\ 3 & 4 \end{bmatrix}$ 에 대하여 $AB=0$ 이다.

♣주의: 행렬의 곱은 일반적으로 교환법칙이 성립하지 않는다. 예를 들면, 행렬 $A=\begin{bmatrix} 1 & 1 \\ 0 & 0 \end{bmatrix}$, $B=\begin{bmatrix} 1 & 0 \\ 1 & 0 \end{bmatrix}$ 에 대하여 $AB=\begin{bmatrix} 2 & 0 \\ 0 & 0 \end{bmatrix}$ 이지만 $BA=\begin{bmatrix} 1 & 1 \\ 1 & 1 \end{bmatrix}$ 이므로 $AB \neq BA$이다.

예 2 $A=\begin{bmatrix} -3 & -2 \\ 4 & 3 \end{bmatrix}$일 때 A^n(n은 자연수) 을 구하라.

풀이. $A^2=\begin{bmatrix} -3 & -2 \\ 4 & 3 \end{bmatrix}\begin{bmatrix} -3 & -2 \\ 4 & 3 \end{bmatrix}=\begin{bmatrix} 1 & 0 \\ 0 & 1 \end{bmatrix}=I$ 이므로

$$A^3=IA=A,\ A^4=A^2=I,\ A^5=A,\ \cdots$$

그러므로 $A^n=\begin{cases} I & : n: \text{짝수} \\ A & : n: \text{홀수} \end{cases}$

2.7. 행렬의 분할

행렬 A의 행과 열을 각각 분할하면, 분할된 각 부분은 하나의 행렬이 되는데 이 행렬을 A의 소행렬이라고 한다. 이와 같이 행렬을 몇 개의 소행렬로 분할해서 취급하면 계산하기 편리한 경우가 있다.

3×4 행렬 $A=\begin{bmatrix} a_1 & b_1 & c_1 & d_1 \\ a_2 & b_2 & c_2 & d_2 \\ a_3 & b_3 & c_3 & d_3 \end{bmatrix}$ 를 다음과 같이 분할해 보자.

$$\left[\begin{array}{ccc|c} a_1 & b_1 & c_1 & d_1 \\ a_2 & b_2 & c_2 & d_2 \\ \hline a_3 & b_3 & c_3 & d_3 \end{array}\right]$$

4개의 분할된 소행렬들 A_{ij}는 다음과 같다.

$$A_{11}=\begin{bmatrix} a_1 & b_1 & c_1 \\ a_2 & b_2 & c_2 \end{bmatrix},\ A_{12}=\begin{bmatrix} d_1 \\ d_2 \end{bmatrix},\ A_{21}=[\,a_3\ \ b_3\ \ c_3\,],\ \ A_{22}=[\,d_3]$$

이 소행렬들로 A를 다음과 같이 나타낼 수 있다.

$$A=\begin{bmatrix} A_{11} & A_{12} \\ A_{21} & A_{22} \end{bmatrix}$$

행렬의 연산들을 분할된 소행렬에 의한 연산들로 계산하는 모델을 생각하기 위하여 행렬의 분할형태를 다음과 같이 정의한다.

정의 6

분할행렬

$m\times n$ 행렬 $A=[a_{ij}]$의 행을 차례대로 $p_1,\cdots,p_r$개, 열을 $q_1,\cdots,q_s$개로 분할한 소행렬들을 A_{ij}라 할 때, $[A_{ij}]$를 행렬 A의 $(p_1,\cdots,p_r)\times(q_1,\cdots,q_s)$ 분할행렬이라 한다.

$$(\,p_1+\cdots+p_r=m\ ,\ \ q_1+\cdots+q_s=n\,)$$

예 3 행렬 $A=\begin{bmatrix} 3 & 2 & 4 & 3 & 7 \\ 0 & 5 & 1 & 2 & 3 \\ 3 & 0 & 3 & -1 & 2 \end{bmatrix}$의 $(2,1)\times(3,2)$ 분할행렬 $A=\begin{bmatrix} A_{11} & A_{12} \\ A_{21} & A_{22} \end{bmatrix}$는 다음과 같다.

$$A_{11}=\begin{bmatrix} 3 & 2 & 4 \\ 0 & 5 & 1 \end{bmatrix},\ A_{12}=\begin{bmatrix} 3 & 7 \\ 2 & 3 \end{bmatrix},$$
$$A_{21}=[\,3\ \ 0\ \ 3\,],\ A_{22}=[\,-1\ \ 2\,]$$

행렬 A와 B의 분할형태가 같을 때, 행렬의 합 $A+B$를 행렬의 분할을 이용하여 다음과 같이 계산할 수 있다.

정리 3

분할행렬의 합

같은 크기를 갖는 두 행렬 A, B를 같은 형태로 분할한 소행렬을 각각 A_{ij}, B_{ij}라 하면 행렬합 $A+B$의 분할행렬은 다음과 같다.

$$A+B=[C_{ij}],\ C_{ij}=A_{ij}+B_{ij}$$

♣주의: 분할된 행렬들의 합은 일반행렬의 합과 같다. 다만, 소행렬들의 합에 의하여 정의된다.

행렬의 곱 연산도 분할행렬에 의하여 계산할 수 있다. 다음은 분할행렬의 곱을 나타낸다.

정리 4

분할행렬의 곱

행렬 $A_{I\times J}$의 $(i_1, \cdots, i_l)\times(j_1, \cdots, j_m)$ 분할행렬을 $[A_{rs}]$, 행렬 $B_{J\times K}$의 $(j_1, \cdots, j_m)\times(k_1, \cdots, k_n)$ 분할행렬을 $[B_{st}]$라 하면, 행렬곱 AB의 $(i_1, \cdots, i_l)\times(k_1, \cdots, k_n)$ 분할행렬은 다음과 같다.

$$AB=[C_{rt}],\ C_{rt}=\sum_{s=1}^{m}A_{rs}B_{st}$$

예 4 다음 행렬 A, B의 $(2,2)\times(2,2)$ 분할행렬들을 이용하여 행렬곱 AB를 구하라.

$$A=\begin{bmatrix} 1 & -1 & 0 & 0 \\ 0 & -2 & 0 & 0 \\ 0 & 0 & -2 & 3 \\ 0 & 0 & 1 & 1 \end{bmatrix},\ B=\begin{bmatrix} 2 & 1 & 2 & 0 \\ 0 & 1 & 1 & 1 \\ 0 & 0 & 1 & 1 \\ 0 & 0 & 2 & -3 \end{bmatrix}$$

풀이. 행렬 A의 분할행렬을 A_{ij}라 하면,

$$A_{11}=\begin{bmatrix} 1 & -1 \\ 0 & -2 \end{bmatrix},\ A_{12}=A_{21}=\begin{bmatrix} 0 & 0 \\ 0 & 0 \end{bmatrix},\ A=\begin{bmatrix} -2 & 3 \\ 1 & 1 \end{bmatrix}$$

행렬 B의 분할행렬을 B_{ij}라 하면,

$$B_{11}=\begin{bmatrix} 2 & 1 \\ 0 & 1 \end{bmatrix}, B_{12}=\begin{bmatrix} 2 & 0 \\ 1 & 1 \end{bmatrix}, B_{21}=\begin{bmatrix} 0 & 0 \\ 0 & 0 \end{bmatrix}, B_{22}=\begin{bmatrix} 1 & 1 \\ 2 & -3 \end{bmatrix}.$$

행렬곱 AB의 분할행렬을 $[C_{ij}]$라 하면,

$$C_{11}=A_{11}B_{11}+A_{12}B_{21}=A_{11}B_{11}=\begin{bmatrix} 2 & 0 \\ 0 & -2 \end{bmatrix},$$

$$C_{12}=A_{11}B_{12}+A_{12}B_{22}=A_{11}B_{12}=\begin{bmatrix} 1 & -1 \\ -2 & -2 \end{bmatrix},$$

$$C_{21}=A_{21}B_{11}+A_{22}B_{21}=\begin{bmatrix} 0 & 0 \\ 0 & 0 \end{bmatrix},$$

$$C_{22}=A_{21}B_{12}+A_{22}B_{22}=A_{22}B_{22}=\begin{bmatrix} 4 & -11 \\ 3 & -2 \end{bmatrix}$$

그러므로, 행렬곱 AB는 다음과 같다.

$$AB=\begin{bmatrix} C_{11} & C_{12} \\ C_{21} & C_{22} \end{bmatrix}=\begin{bmatrix} 2 & 0 & 1 & -1 \\ 0 & -2 & -2 & -2 \\ 0 & 0 & 4 & -11 \\ 0 & 0 & 3 & -2 \end{bmatrix}$$

2.8. 전치행렬

전치행렬에 관한 개념은 단순하지만 행렬 응용분야에서 중요한 역할을 하므로 그 의미는 다음에 설명하기로 하고 정의와 성질들을 살펴보기로 한다.

정의 7

전치행렬

행렬 $A=[a_{ij}]_{m\times n}$의 각 원소의 행과 열의 위치를 바꾼 행렬을 A의 전치행렬(transpose matrix)이라 하고, A^T로 나타낸다. 즉,

$$A^T=[b_{ij}]_{n\times m},\ b_{ij}=a_{ji}$$

행렬 A 에 대한 전치행렬 A^T 을 원소로 나열해 보면 다음과 같다.

$$A=\begin{bmatrix} a_{11} & a_{12} & \cdots & a_{1j} & \cdots & a_{1n} \\ a_{12} & a_{22} & \cdots & a_{2j} & \cdots & a_{2n} \\ \vdots & \vdots & \ddots & \vdots & \ddots & \vdots \\ a_{i1} & a_{i2} & \cdots & a_{ij} & \cdots & a_{in} \\ \vdots & \vdots & \ddots & \vdots & \ddots & \vdots \\ a_{m1} & a_{m2} & \cdots & a_{mj} & \cdots & a_{mn} \end{bmatrix}, \quad A^T=\begin{bmatrix} a_{11} & a_{21} & \cdots & a_{i1} & \cdots & a_{m1} \\ a_{12} & a_{22} & \cdots & a_{i2} & \cdots & a_{m2} \\ \vdots & \vdots & \ddots & \vdots & \ddots & \vdots \\ a_{1j} & a_{2j} & \cdots & a_{ij} & \cdots & a_{mj} \\ \vdots & \vdots & \ddots & \vdots & \ddots & \vdots \\ a_{1n} & a_{2n} & \cdots & a_{in} & \cdots & a_{nm} \end{bmatrix}$$

전치행렬에 관한 성질을 요약하면 다음과 같다.

정 리 5

전치행렬의 성질

k 가 스칼라이고 A, B 가 $m\times n$ 행렬, C 가 $n\times p$ 행렬일 때

(1) $(A^T)^T = A$

(2) $(A+B)^T = A^T + B^T$

(3) $(AC)^T = C^T A^T$

(4) $(kA)^T = kA^T$

증명 (3) AB 는 $m\times p$ 행렬이므로, $(AB)^T$ 행렬은 $p\times m$ 행렬이다. 그리고 $(AB)^T$ 의 (i,j) 성분은 정의에 의하여

$$\begin{aligned} ((AB)^T)(i,j) &= (AB)(j,i) \\ &= \sum_{\lambda=1}^{n} a_{j\lambda} b_{\lambda i} \\ &= \sum_{\lambda=1}^{n} b_{\lambda i} a_{j\lambda} \\ &= \sum_{\lambda=1}^{n} B^T(i,\lambda)\, A^T(\lambda,j) = [B^T A^T](i,j) \end{aligned}$$

따라서, $(AB)^T = B^T A^T$

♣주의: 열행렬의 전치행렬은 행행렬이고, 행행렬의 전치행렬은 열행렬이다. 즉,

$$\mathrm{x} = \begin{bmatrix} x_1 \\ x_2 \\ \vdots \\ x_n \end{bmatrix} \text{ 일 때, } \quad \mathrm{x}^{\mathrm{T}} = [\, x_1 \ \ x_2 \cdots x_n \,]$$

2.9 대칭행렬, 교대행렬

대칭행렬과 교대행렬 또한 행렬의 이론 및 응용에 중요한 의미를 지니고 있다. 여기서는 정의와 성질들만 소개하기로 한다.

정의 8

$A = A^T$ 인 행렬 A 를 대칭행렬(symmetric matrix)이라 하고, $-A = A^T$ 인 행렬 A 를 교대행렬(skew-symmetric matrix)이라 한다.

임의의 정방행렬 A에 대하여 $A + A^T$는 대칭행렬이고, $A - A^T$는 교대행렬이다. 즉,

$$(A + A^T)^T = A^T + (A^T)^T = A^T + A = A + A^T$$

$$(A - A^T)^T = A^T - (A^T)^T = A^T - A = -(A - A^T)$$

따라서, 다음의 정리를 얻는다.

정리 6

임의의 정방행렬 A 를 대칭행렬 S 와 교대행렬 T 의 합으로 다음과 같이 나타낼 수 있다.

$$A = S + T, \quad \text{여기서 } S = \frac{1}{2}(A + A^T),\ T = \frac{1}{2}(A - A^T)$$

예 5 행렬 $A=\begin{bmatrix} 3 & 7 \\ 1 & 3 \end{bmatrix}$를 대칭행렬과 교대행렬의 합으로 나타내어라.

풀이. $S=\frac{1}{2}(A+A^T)=\begin{bmatrix} 3 & 4 \\ 4 & 3 \end{bmatrix}$, $T=\frac{1}{2}(A-A^T)=\begin{bmatrix} 0 & 3 \\ -3 & 0 \end{bmatrix}$

그러므로, $\begin{bmatrix} 3 & 7 \\ 1 & 3 \end{bmatrix}=\begin{bmatrix} 3 & 4 \\ 4 & 3 \end{bmatrix}+\begin{bmatrix} 0 & 3 \\ -3 & 0 \end{bmatrix}$

교대행렬의 정의에 의하여 다음의 성질을 쉽게 얻을 수 있다.

정리 7

교대행렬의 대각성분은 모두 0이다.

연습문제 3장

1. 행렬 $A=\begin{bmatrix} 1 & 1 \\ 3 & 4 \end{bmatrix}$, $B=\begin{bmatrix} 2 \\ 1 \end{bmatrix}$, $C=\begin{bmatrix} -7 & 1 \\ 0 & 4 \end{bmatrix}$, $D=[\,3 \quad 2 \quad 1\,]$, $E=\begin{bmatrix} 2 & 3 & 4 \\ 1 & 2 & -1 \end{bmatrix}$ 에 대하여, 다음의 연산이 가능한지 확인하고 그렇다면 계산하라.

   (1) $A+D, C-A$와 $D-E$

   (2) $AB, BA, CA, AC, DA, DB, BD, EB, BE$와 AE

   (3) $7C, -3D$와 kE, 여기서 k는 스칼라이다.

2. A^n이 행렬 A를 n번 거듭곱을 의미한다. $A=\begin{bmatrix} 4 & 2 \\ 1 & 3 \end{bmatrix}$ 일 때, A^2, A^3을 구하라.

3. 행렬 $A=\begin{bmatrix} 1 & 3 \\ -2 & 4 \end{bmatrix}$, $B=\begin{bmatrix} 2 & 1 \\ -4 & 5 \end{bmatrix}$ 에 대하여 다음을 구하라.

   (1) $AB, BA, A+B, (A+B)^2$을 구하라.

   (2) $(A+B)^2 = A^2 + AB + BA + B^2$ 임을 보여라

   (3) $(A+B)^2 \neq A^2 + 2AB + B^2$ 임을 확인하고 이유를 설명하라.

4. 행렬의 분할을 이용하여 행렬 A, B(문제 4)의 곱 AB를 구하라.

5. 행렬 $A=\begin{bmatrix} 9 & 4 \\ 3 & 2 \end{bmatrix}$ 를 대칭행렬과 교대행렬의 합으로 표시하라.

6. 정방행렬의 대각원소의 합을 <u>트레이스(trace)</u>라 한다. 각각의 트레이스를 구하라.

   (1) $\begin{bmatrix} 7 & 2 \\ -1 & 5 \end{bmatrix}$ (2) $\begin{bmatrix} 0 & 9 \\ -1 & 0 \end{bmatrix}$ (3) $\begin{bmatrix} 1 & 0 & 0 \\ 0 & 1 & 0 \\ 0 & 0 & 1 \end{bmatrix}$ (4) $\begin{bmatrix} 7 & 2 & 1 \\ 8 & 2 & 3 \\ 9 & -1 & -4 \end{bmatrix}$

제4장

선형변환

선형변환

1. 변환

변환

시스템(system)이란 입력에 대한 출력을 결정하는 체계라고 간략하게 정의할 수 있다. 출력을 입력의 변환으로 본다면 시스템을 변환(transform)이라고 할 수 있다. 이와 같이 입력에 대한 출력의 관계를 형성하는 수학적 모델이 함수이다. 다시 말하면, 함수 $y = f(x)$ 는 입력을 독립변수 x, 출력을 종속변수 y 로 하는 하나의 수학적 변환모델이라 해석될 수 있다.

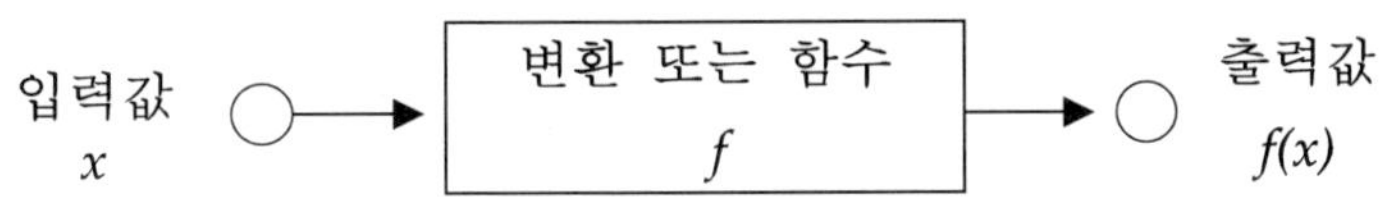

입력값과 출력값은 적용분야에 따라 시간을 고려하지 않는 수 또는 벡터와, 시간을 고려한 실함수 또는 벡터함수 등 여러 가지 형태로 표현된다. 시간을 고려한 입력신호 및 출력신호에 대한 변환을 이해하기 위해, 우선 시간을 고려하지 않는 수 또는 벡터형태의 입력값과 출력값을 갖는 변환의 이해를 필요로 한다. 비선형변환은 다루기에 복잡하므로 본 내용에서는 시간을 고려하지 않는 선형변환으로 제한한다.

SISO

MISO

SIMO

변환의 입력과 출력은 각각 여러 개의 값들을 가질 수 있다. 따라서, 하나의 입력값에 대한 하나의 출력값을 갖는 변환을 SISO(single input, single output) 변환, 여러 개의 입력값에 대한 하나의 출력값을 갖는 변환을 MISO(multiple inputs, single output) 변환, 하나의 입력값에 대한 여러 개의 출력값을 갖는 변환을 SIMO(single input, multiple outputs) 변환, 여러 개의

MIMO 입력값에 대한 여러 개의 출력값을 갖는 변환을 MIMO (multiple inputs, multiple outputs) 변환이라 한다.

2. 선형변환

변환을 크게 선형변환과 비선형변환의 두 가지로 나눈다. 예를 들면, 변환 f의 입력값 x에 대한 출력값이 입력값에 대한 일차항으로 이루어진 $f(x)=3x$인 경우 f는 선형변환이다. 이 변환은 입력값에 관계없이 출력값은 정확히 3배이다. 그러나, 비선형변환의 출력값은 입력값의 일정한 배수로 결정되지 않는다. 예를 들면, 변환의 출력값이 $f(x)=3x^2$인 경우입력값 $x=1$에 대한 출력값은 입력값의 3배인 3이지만 입력값 $x=2$에 대한 출력값은 입력값의 6배인 12이다. 이와 같이 입력값에 대한 출력값의 비가 일정하지 않는 변환이 비선형변환이다. 대부분의 변환은 비선형 형태를 갖지만 이런 변환들은 다루기가 어렵다. 그러나 선형변환은 수학적 모델화와 계산이 용이하다. 따라서 대부분 비선형변환을 선형변환으로 근사화함으로써 선형기법에 의한 변환의 특성을 파악한다.

선형변환을 일차변환이라고도 한다. 일차변환은 대수적 의미로서, 출력값은 입력값의 일차결합으로 이루어진다는 의미를 갖는다. 선형변환은 기하학적 의미로서, 직선에 해당하는 입력값들에 대한 출력값들도 직선형태를 유지하면서 변환한다는 의미이다.

2.1. 선형변환의 종류

2.1.1. SISO 선형변환

가장 기본적인 선형변환은 하나의 입력값에 대한 하나의 출력값을 갖는 SISO 선형변환이다. 이 변환을 대수적, 기하학적 관점에서 살펴보고, 구성도 및 행렬로 표현하면 다음과 같다.

▪ **함수표현** : SISO 선형변환은 다음과 같은 형태의 함수로 표현될 수 있다. 즉, 상수 a가 주어졌을 때,

$$y=f(x)=ax$$

다시 말하면 임의의 입력값 x에 대하여 출력값은 입력값의 a배인 ax로 하는 변환이다. 여기서, 입력값이 0일 때의 출력값도 0인 점을 유의하자.

▪ **기하학적 표현** : 입력값과 출력값이 모두 하나이므로, 각각을 수직선 위의 점으로 표현할 수 있다. 이 SISO 선형변환은 수직선 위의 좌표가 x인 점이 입력되었을 때의 출력값은 좌표가 ax인 점이 된다. 따라서, 수직선 위의 각 점들은 원점을 중심으로 좌우로 일정하게 a배 늘어나는 기하학적 변화를 의미한다. 다음 그림은 $a=2$인 경우의 SISO 선형변환을 기하학적으로 표현한 것이다.

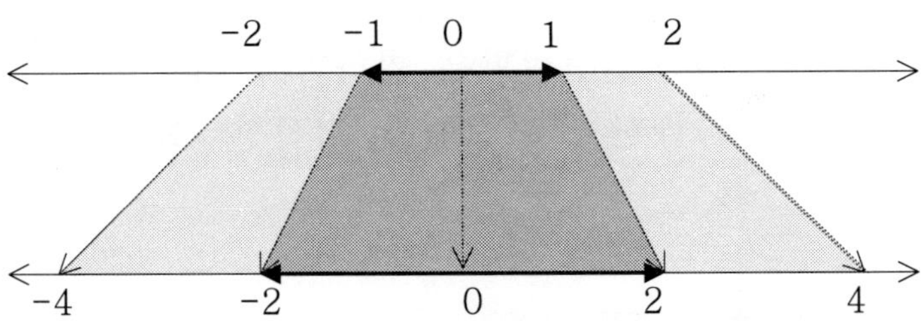

▪ **구성도** : SISO 선형변환의 구성도는 다음과 같다.

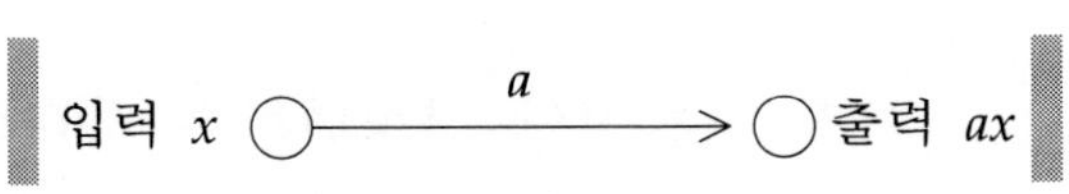

▪ 행렬표현 : SISO 선형변환의 입력값 x와 출력값 y를 각각 1차원 벡터인 $[x], [y]$로 나타내면 이 변환을 다음과 같이 행렬곱으로 표현할 수 있다.

$$[y] = [a][x]$$

따라서, 이 변환의 임의의 입력에 대한 출력을 결정하는 수학적 표현이 바로 1×1 행렬인 $[a]$이다.

2.1.2. MISO 선형변환

MISO 선형변환이란 여러 개의 입력값에 대한 하나의 출력값을 갖는 선형변환을 말한다. 이 변환을 대수적, 기하학적 관점에서 살펴보고, 구성도 및 행렬로 표현하면 다음과 같다.

▪ 함수표현 : MISO 선형변환은 다음과 같은 형태의 함수로 표현될 수 있다. 즉, 상수 a_i $(i = 1, 2, \cdots, n)$가 주어졌을 때,

$$y = f(x_1, x_2, \cdots, x_n) = a_1x_1 + a_2x_2 + \cdots + a_nx_n$$

다시 말하면 임의의 입력값 x_i $(i = 1, 2, \cdots, n)$에 대하여 출력값은 각 입력값 x_i의 a_i배인 a_ix_i들을 합으로 하는 변환이다. 여기서, 입력값이 0일 때의 출력값 역시 0인 점을 유의하자.

▪ 기하학적 표현 : 여러 개의 입력값에 대한 출력값은 하나이다. 입력값이 두 개인 경우에 대하여 예를 들어보자. 두 개의 입력값 x_1, x_2에 대한 출력값을 y라 하면, 임의의 입력값 x_1, x_2는 좌표가 (x_1, x_2)인 좌표평면의 한 점으로 볼 수 있다. 따라서,

주어진 상수 a_1, a_2에 대하여 좌표가 (x_1, x_2)인 평면의 점을 입력값으로 하였을 때의 출력값은 좌표 $a_1x_1 + a_2x_2$를 갖는 수직선의 한 점이다. $a_1=1, a_2=0$ 인 경우의 출력값은 x축 위로 입력벡터의 정사영, 즉 점의 x좌표이다.

▪ 구성도 : 상수 $a_i \ (i=1,2,\cdots,n)$를 갖는 MISO 선형변환의 구성도를 다음과 같이 나타낸다.

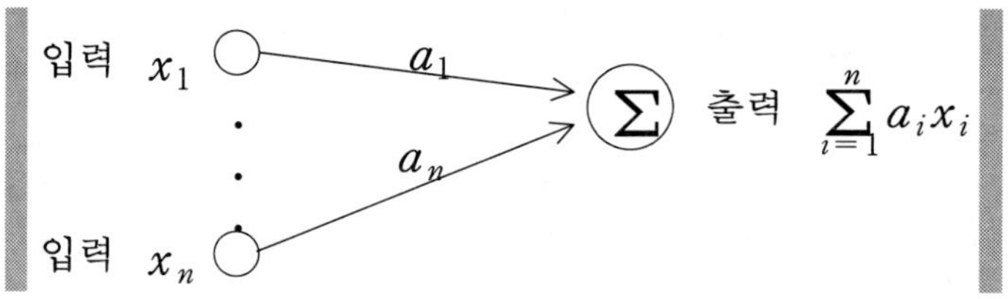

▪ 행렬표현 : 상수 $a_i \ (i=1,2,\cdots,n)$를 갖는 MISO 선형변환의 입력값 $x_i \ (i=1,2,\cdots,n)$와 출력값 y를 각각 n차원과 1차원 벡터인 $X=[x_1,\cdots,x_n]^T$, $Y=[y]$로 나타내면 이 변환을 행렬곱 $Y=AX$로 표현할 수 있다. 여기서, A는 상수 a_i를 원소로 하는 $1\times n$ 행렬 $[a_1\ a_2 \cdots\ a_n]$이다.

$$[y]=[a_1, \cdots, a_n]\begin{bmatrix} x_1 \\ \vdots \\ x_n \end{bmatrix}$$

따라서, 이 변환의 입력에 대한 출력을 결정하는 수학적 표현이 바로 $1\times n$행렬인 $A=[a_1\ a_2 \cdots\ a_n]$이다.

♣**주의**: 이 선형변환의 출력은 주어진 상수 a_i를 원소로 하는 벡터와 입력값 x_i를 원소로 하는 벡터의 내적임에 유의하자.

2.1.3. SIMO 선형변환

SIMO 선형변환이란 하나의 입력값에 대한 여러 개의 출력값을 갖는 선형변환을 말한다. 이 변환을 대수적, 기하학적 관점에서 살펴보고, 구성도 및 행렬로 표현하면 다음과 같다.

▪ 함수표현 : SIMO 선형변환은 다음과 같은 형태의 함수로 표현될 수 있다. 즉, 상수 a_i $(i=1,2,\cdots,n)$가 주어졌을 때,

$$y_i=f_i(x)=a_ix \ (i=1,\cdots,n)$$

다시 말하면 임의의 입력값 x에 대하여 i번째의 출력값 y_i $(i=1,2,\cdots,n)$은 입력값의 a_i배인 a_ix로 하는 변환이다. 여기서, 입력값이 0일 때의 출력값 역시 0인 점을 유의하자.

▪ 기하학적 표현 : 하나의 입력값에 대한 출력값은 여러 개이다. 출력값이 두 개인 경우에 대하여 예를 들어보자. 하나의 입력값 x에 대한 두 개의 출력값을 y_1, y_2라 하면, 출력값 y_1, y_2는 좌표가 (y_1, y_2)인 좌표평면의 한 점으로 볼 수 있다. 따라서, 주어진 상수 a_1, a_2를 갖는 SIMO 선형변환은 좌표가 x인 수직선의 점을 입력하였을 때 출력값은 좌표가 (a_1x, a_2x)인 평면의 한 점이 된다.
입력값을 시간으로 본다면 출력값은 평면의 점이므로, 평면의 한 점이 시간에 따라 일정한 속도로 이동하는 것을 의미한다.

▪ 구성도 : 상수 a_i $(i=1,2,\cdots,n)$를 갖는 SIMO 선형변환의 구성도는 다음과 같다.

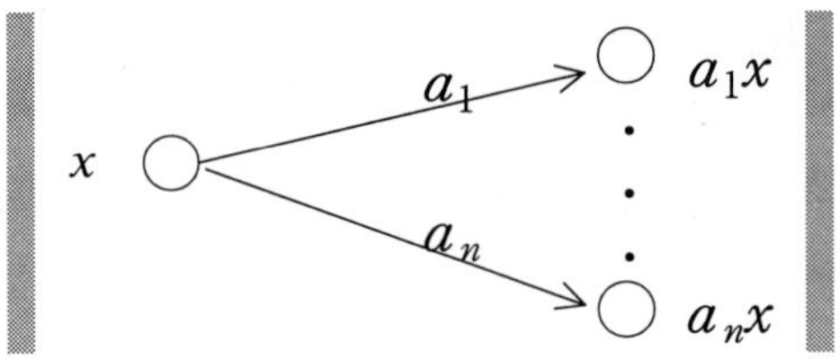

▪ **행렬표현** : 상수 a_i $(i=1,2,\cdots,n)$를 갖는 SIMO 선형변환의 입력값 x와 출력값 y_i $(i=1,2,\cdots,n)$을 각각 1차원과 n차원 벡터인 $X=[x]$, $Y=[y_1,\cdots,y_n]^T$로 나타내면 이 변환을 행렬곱 $Y=AX$로 표현할 수 있다. 여기서, A는 상수 a_i를 원소로 하는 $n\times 1$ 행렬 $[a_1\, a_2 \cdots\, a_n]^T$이다.

$$\begin{bmatrix} y_1 \\ \vdots \\ y_n \end{bmatrix} = \begin{bmatrix} a_1 \\ \vdots \\ a_n \end{bmatrix} [x]$$

따라서, 이 변환의 입력에 대한 출력을 결정하는 수학적 표현이 바로 $n\times 1$ 행렬인 $A=[a_1\, a_2 \cdots\, a_n]^T$이다.

2.1.4. MIMO 선형변환

MIMO 선형변환이란 여러 개의 입력값에 대한 여러 개의 출력값을 갖는 선형변환을 말한다. 이 변환을 대수적, 기하학적 관점에서 살펴보고, 구성도 및 행렬로 표현하면 다음과 같다.

▪ **함수표현** : MIMO 선형변환은 다음과 같은 형태의 함수로 표현될 수 있다. 즉, 상수 a_{ki} $(k=1,\cdots,m,\ i=1,2,\cdots,n)$가 주어졌을 때,

$$y_k = f_k(x_1,\cdots,x_n) = a_{k1}x_1 + \cdots + a_{kn}x_n,\ k=1,\cdots,m$$

다시 말하면 입력값 $x_1, \cdots, x_n$에 대하여 k번째의 출력값 y_k $(k=1, 2, \cdots, m)$을 $a_{k1}x_1 + \cdots + a_{kn}x_n$으로 하는 변환이다. 여기서, 입력값이 0일 때의 출력값 역시 0인 점을 유의하자.

▪ 기하학적 표현 : 여러 개의 입력값에 대한 출력값도 여러 개이다. 입력값과 출력값이 각각 두 개인 경우에 대하여 생각해 보자. 두 개의 입력값 x_1, x_2은 좌표가 (x_1, x_2)인 좌표평면의 한 점, 두 개의 출력값 y_1, y_2도 좌표가 (y_1, y_2)인 좌표평면의 한 점으로 볼 수 있다. 따라서, 주어진 상수 $a_{11}, a_{12}, a_{21}, a_{22}$를 갖는 MIMO 선형변환은 좌표가 (x_1, x_2)인 좌표평면의 점을 입력하였을 때의 출력값은 좌표가 $(a_{11}x_1 + a_{12}x_2, a_{21}x_1 + a_{22}x_2)$인 평면의 한 점이 된다.

함수표현이 다음과 같은 변환을 생각해 보자.

$$L(x_1, x_2) = (2x_1 + x_2, x_1 + 2x_2)$$

이 변환을 기하학적으로 살펴보면 다음의 그림과 같이 평면의 각 점들이 일정한 형태로 변환함을 알 수 있다. 특히, 평면의 임의의 직선이 직선으로 변환됨을 알 수 있다. 즉, 직선 $y = -x + 1$을 선형변환 L로 변환시키면, 이 직선 위의 임의의 점 (x, y)에대하여 $L(x, y) = (2x + y, x + 2y) = (x + 1, -x + 2)$이므로 변환식은 직선 $y = -x + 3$이다.

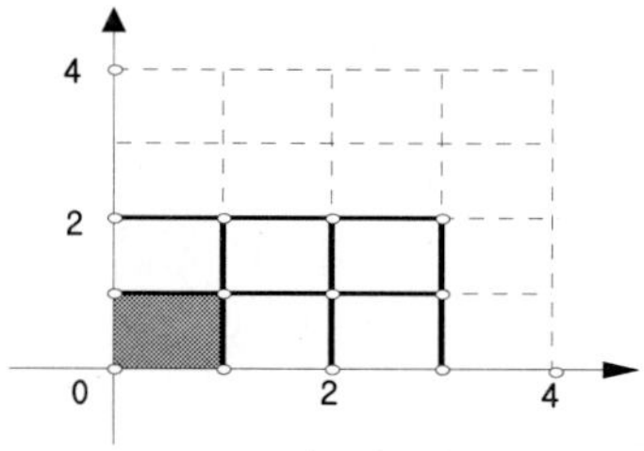

기본형태

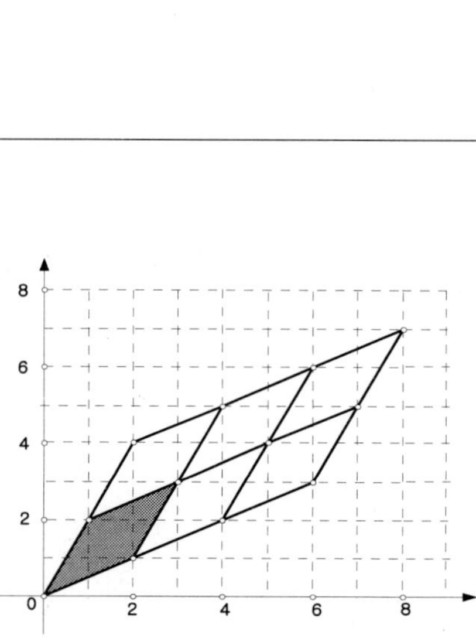

선형변환

▪ 구성도 : 상수 a_{ki} $(k=1,\cdots,m,\ i=1,2,\cdots,n)$를 갖는 MIMO 선형변환의 구성도는 다음과 같다.

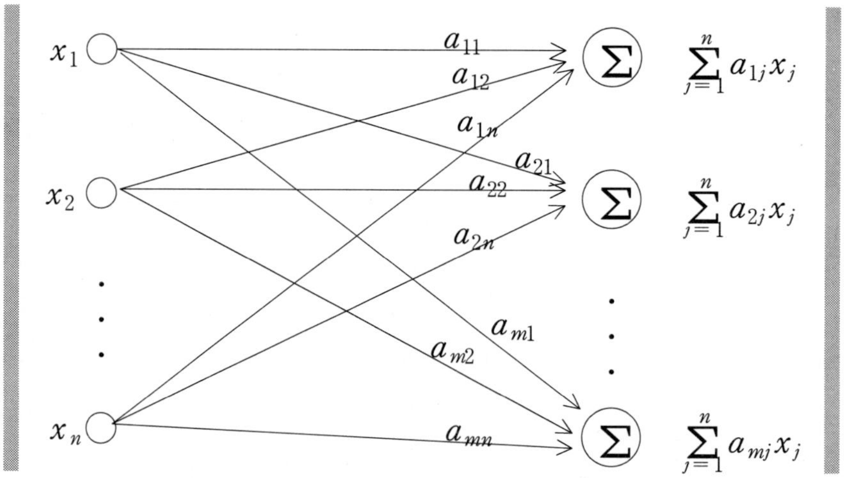

▪ **행렬표현** : 상수 a_{ki} $(k=1,\cdots,m,\ i=1,2,\cdots,n)$를 갖는 이 변환의 입력값 $x_1,\cdots,x_n$와 출력값 y_i $(i=1,2,\cdots,m)$을 각각 n차원과 m차원 벡터인 $X=[x_1,\cdots,x_n]^T$, $Y=[y_1,\cdots,y_m]^T$로 나타내면 이 변환을 행렬곱 $Y=AX$로 표현할 수 있다. 여기서,

A는 상수 a_{ki}를 원소로 하는 다음과 같은 $m \times n$행렬 $[a_{ij}]$이다.

$$\begin{bmatrix} y_1 \\ \vdots \\ y_m \end{bmatrix} = \begin{bmatrix} a_{11} & \cdots & a_{1n} \\ \vdots & \vdots & \vdots \\ a_{k1} & \cdots & a_{kn} \\ \vdots & \vdots & \vdots \\ a_{m1} & \cdots & a_{mn} \end{bmatrix} \begin{bmatrix} x_1 \\ \vdots \\ x_n \end{bmatrix}$$

따라서, 이 변환의 입력에 대한 출력을 결정하는 수학적 표현이 바로 $m \times n$행렬인 A이다.

2.2. 선형변환의 정의

선형변환의 종류에서 언급한 내용을 바탕으로, 다음과 같이 구성도, 함수, 행렬의 세 가지 형태로 선형변환을 정의한다.

정의 1

선형변환의 구성도

$m \times n$개의 수 $a_{ij}(i=1, \cdots, m, \ j=1, \cdots, n)$가 주어졌을 때, 임의의 입력값 $x_j(j=1, \cdots, n)$에 대한 출력값 $y_i(i=1, \cdots, m)$가 2.1.4의 구성도에 따라 결정되는 변환을 선형변환이라 한다.

이와 같은 선형변환을 수학적 함수로 정의하면 다음과 같다.

정의 2

선형변환의 함수표현

$m \times n$개의 수 $a_{ij}(i=1, \cdots, m, \ j=1, \cdots, n)$가 주어졌을 때, 독립변수 $x_j(j=1, \cdots, n)$에 대하여 다음과 같은 형태의 함수 L을 선형변환이라 한다.

$$L(x_1, \cdots, x_n) = \left(\sum_{j=1}^{n} a_{1j}x_j, \sum_{j=1}^{n} a_{2j}x_j, \cdots, \sum_{j=1}^{n} a_{mj}x_j \right)$$

마찬가지로, 선형변환을 행렬에 의한 표현으로 다음과 같이 정의할 수 있다.

정의 3

선형변환의 행렬표현

$m\times n$행렬 $A=[a_{ij}]$에 대하여, 입력벡터 $X=[x_1,\cdots,x_n]^T$에 대한 출력벡터가 AX인 변환 L을 선형변환이라 한다.

행렬에 의한 선형변환의 정의에서 사용된 행렬 A를 선형변환 L의 (표현)행렬이라 하며, L을 행렬 A의 선형변환이라 한다. 특히, $n=m$이면 L을 n차 선형변환이라 한다.

♣**주의**: 선형변환의 표현행렬을 구성도와 비교해 보자. i번째만 1, 나머지는 0인 입력값에 대한 출력값들은 표현행렬의 제 i열이다.

직선의 구조를 유지하면서 변환시키는 기하학적 구조를 갖고 있다는 의미에서 선형변환이라 정의하였다. 또한, 출력값들이 입력변수들의 일차식에 의하여 결정되는 특성을 갖고 있으므로, 이 변환을 일차변환이라고도 한다.

선형변환을 구성도, 함수, 행렬의 세 가지 방법으로 정의하였다. 그러나 추상적인 벡터공간에 적합한 선형변환의 정의는 다음과 같이 할 수 있다.

정의 4

선형변환의 벡터연산

다음 조건을 만족하는 변환 $L: R^n\rightarrow R^m$을 선형변환이라 한다.

(1) $L(cX)=cL(X)$

(2) $L(X+Y)=L(X)+L(Y)$

여기서, c는 임의의 상수, X, Y는 R^n의 임의의 벡터이다.

예 1 다음의 구성도를 갖는 선형변환 L 을 정의2, 3, 4에 따라 선형변환임을 확인해 보자.

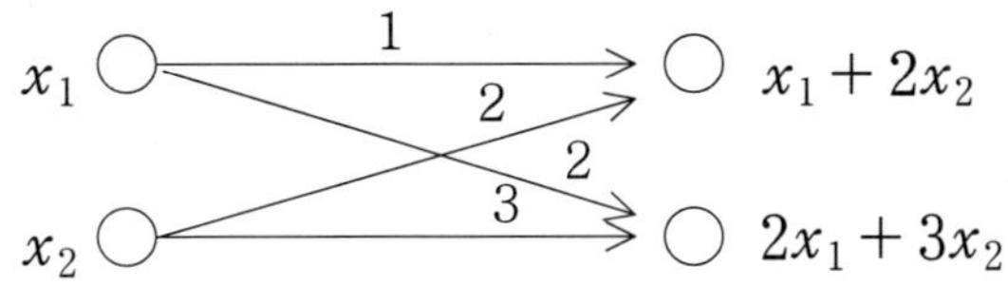

(1) 함수표현 : 이 변환은 다음과 같이 입력변수들의 일차식으로 표현되므로 선형변환이다.

$$L(x_1, x_2) = (x_1+2x_2, 2x_1+3x_2)$$

(2) 행렬표현 : 이 변환 L 의 입력값들의 벡터 $X=[x_1, x_2]^T$에 대하여 출력값의 벡터 $L(X)=Y=[y_1, y_2]^T$는 다음과 같다.

$$L(X)=Y=\begin{bmatrix} y_1 \\ y_2 \end{bmatrix}=\begin{bmatrix} 1 & 2 \\ 2 & 3 \end{bmatrix}\begin{bmatrix} x_1 \\ x_2 \end{bmatrix}$$

따라서, 이 변환은 행렬 $A=\begin{bmatrix} 1 & 2 \\ 2 & 3 \end{bmatrix}$에 대하여 $L(X)=AX$를 만족하므로 표현행렬 A 를 갖는 선형변환이다.

(3) 벡터연산 : 벡터연산에 의한 정의에 따라 선형변환임을 보이기 위하여, 임의의 두 벡터를 $V=[v_1, v_2]$, $W=[w_1, w_2]$, 스칼라를 c라 두면,

$$\begin{aligned} L(cV) &= L[cv_1, cv_2]=[cv_1+2(cv_2), 2(cv_1)+3(cv_2)] \\ &= c[v_1+2v_2, 2v_1+3v_2]=cL(V) \end{aligned}$$

$$\begin{aligned} L(V+W) &= L[v_1+w_1, v_2+w_2] \\ &= [v_1+w_1+2(v_2+w_2), 2(v_1+w_1)+3(v_2+w_2)] \\ &= [v_1+2v_2, 2v_1+3v_2]+[w_1+2w_2, 2w_1+3w_2] \\ &= L(V)+L(W) \end{aligned}$$

따라서 변환 L은 선형변환이다.

3. 선형변환의 합성

선형변환에 대한 연산인 스칼라곱(증폭), 합(병렬연결), 합성(직렬연결)을 이용하여 여러 가지의 복합 선형변환들을 구성할 수 있다. 이 연산들을 정의해 보자.

3.1. 변환의 합성

다음과 같이 n개의 입력값과 m개의 출력값을 갖는 임의의 변환 F, F'과 m개의 입력값과 l개의 출력값을 갖는 변환 G가 주어졌다고 하자.

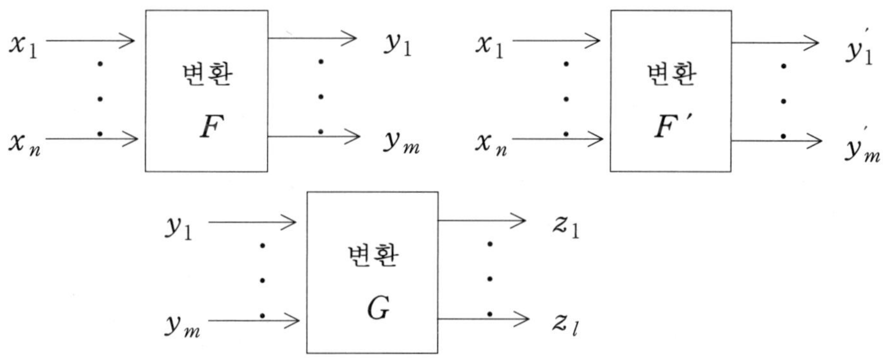

선형변환의 스칼라곱(증폭), 합(병렬연결), 합성(직렬연결)에 관한 연산들은 다음과 같이 정의된다.

정의 5

변환의 스칼라곱

다음과 같이 변환 F의 출력값들의 상수 c곱을 출력값으로 하는 이 변환 cF를 F의 <u>스칼라곱(증폭) 변환</u>이라 한다.

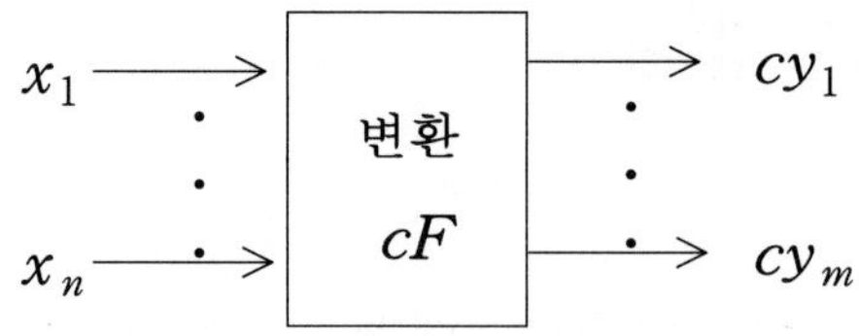

정의 6

변환의 합

다음과 같이 변환 F, F'의 출력값들 각각의 합을 출력값으로 하는 이 변환 $F+F'$을 F와 F'의 <u>합(병렬연결)변환</u>이라 한다.

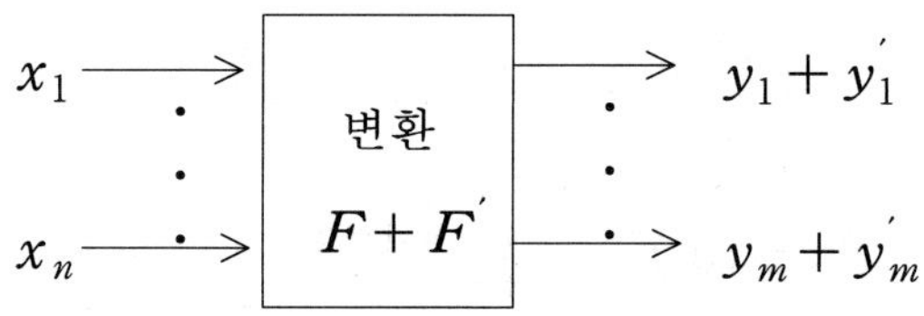

정의 7

변환의 합성

다음의 구성도를 갖는 변환 $G\circ F$는 입력값에 대하여 변환 F의 출력값들을 변환 G에 입력하여 얻은 값들을 출력값으로 하는 변환이다. 이러한 변환 $G\circ F$을 F와 G의 <u>합성(직렬연결)변환</u>이라 한다.

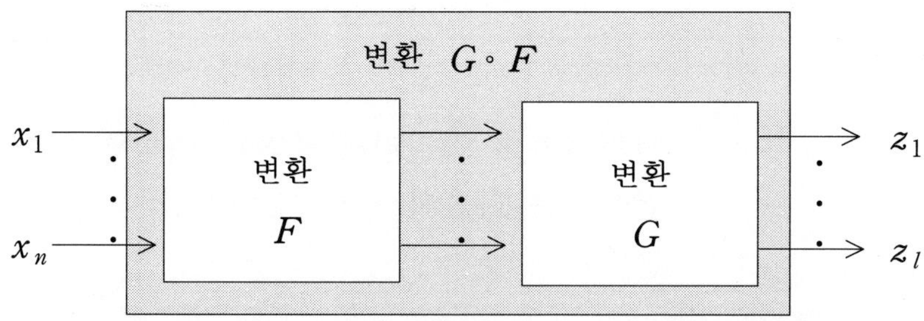

♣주의: 변환의 합성연산 $G\circ F$는 변환 F의 출력값들의 개수가 변환 G의 입력값들의 개수와 같을 경우 합성이 가능하다.

3.2. 선형변환의 합성

변환에 대한 연산으로서 스칼라곱, 합, 합성을 정의하였다. 이 연산들을 선형변환에 적용하였을 경우 연산결과 역시 선형변환인 것을 구성도를 이용하여 쉽게 확인할 수 있다. 이 연산들이 변환의 표현행렬과 어떤 관계를 갖는지 살펴 볼 필요가 있다. 다음의 정리에서 스칼라곱변환은 표현행렬의 스칼라곱연산, 합변환은 표현행렬들의 합연산, 합성변환은 표현행렬들의 곱으로 표현됨을 알 수 있다.

정 리 1

선형변환의 합성과 행렬연산

선형변환 F, F', G 와 그 표현행렬이 각각 A, A', B일 때

(1) 스칼라곱 cF 은 선형변환이며, 표현행렬은 cA 이다.
(c 는 임의의 수)

(2) 합 $F+F'$ 은 선형변환이며, 표현행렬은 $A+A'$ 이다.

(3) 합성 $G \circ F$ 은 선형변환이며, 표현행렬은 BA 이다.

증명 선형변환 F, F', G 와 그 표현행렬을 각각 A, A', B라 하면, 입력벡터 X에 대하여

$$F(X) = AX, \quad F'(X) = A'X, \quad G(X) = BX$$

(1) 스칼라곱 cF 의 정의와 행렬연산의 성질에 의하여,

$$(cF)(X) = cF(X) = c(AX) = (cA)X$$

그러므로, 스칼라곱 cF 도 선형변환이며, 이 변환의 표현행렬은 cA 이다.

(2) 합 $F+F'$ 의 정의와 행렬연산의 성질에 의하여,

$$(F+F')(X) = F(X) + F'(X) = AX + A'X = (A+A')X$$

그러므로, 합 $F+F'$ 도 선형변환이며, 이 변환의 표현행렬은 $A+A'$ 이다.

(3) 합성 $G\circ F$ 의 정의와 행렬연산의 성질에 의하여,

$$(G\circ F)(X)=G(F(X))=B(F(X))=B(AX)=(BA)X$$

그러므로, 합성 $G\circ F$ 도 선형변환이며 이 변환의 표현행렬은 BA이다.

연습문제 4장

1. 함수표현 $L(x, y) = 3x + 2y$이 선형변환임을 다음의 세 가지 정의를 이용하여 보여라.
   (1) 구성도 (2) 행렬표현 (3) 벡터연산

2. $a = [1, 2]$, $b = [3, 4]$일 때 임의의 입력벡터 $X = [x, y]$에 대한 출력벡터 Y가 $[a \cdot X, b \cdot X]$ 인 변환이 선형변환임을 다음의 세 가지 정의를 이용하여 보여라.
   (1) 구성도 (2) 함수표현 (3) 행렬표현 (4) 벡터연산

3. 함수표현이 $F(x, y) = (2x - y, x + 3y, x + y)$ 인 선형변환 F의 구성도를 그리고, 행렬로 표현하라.

4. 표현행렬이 $\begin{bmatrix} 1 & 2 & 1 \\ 1 & 2 & 3 \\ 3 & -1 & 4 \end{bmatrix}$ 인 선형변환 G의 구성도를 그리고, 함수로 표현하라.

5. 문제3과 4의 선형변환 F, G의 합성변환인 $2F$, $G \circ F$ 각각을 구성도, 함수, 행렬로 표현하라.

6. 벡터연산에 의한 선형변환의 정의를 사용하여, 함수 $f(x) = ax + b$가 선형변환이 되기 위한 필요충분조건을 구하고 증명하라.

7. 3차원 벡터 $a = [1, 2, 3]$에 대하여, 입력벡터 x에 대한 출력벡터가 $a \times x$ 인 변환이 선형변환임을 다음의 세 가지 정의를 이용하여 보여라.
   (1) 구성도 (2) 함수표현 (3) 행렬표현 (4) 벡터연산

제5장

선형변환과 연립일차방정식

1. 일차방정식
2. 연립일차방정식
3. 가우스 소거법
4. 가우스-조르단(Gauss-Jordan) 소거법
5. 동차(homogeneous) 연립일차방정식

선형변환과 연립일차방정식

선형변환의 출력값이 주어졌을 때 대응하는 입력값을 결정하기 위한 식이 바로 연립일차방정식이다. 연립일차방정식은 행렬로 표현된다. 따라서, 이 방정식의 해를 구하는 과정을 행렬에서의 행에 대한 기본연산모델로 설정하고, 간단히 해를 구할 수 있는 연립일차방정식의 표현행렬을 구성해 가는 방법을 조사한다. 가우스 소거법이라는 계산알고리듬은 컴퓨터를 이용하여 연립일차방정식을 간단히 계산할 수 있는 장점을 갖는다. 따라서 행렬을 이용하여 연립일차방정식의 해의 존재성과 해를 구하는 방법을 생각해 본다.

1. 일차방정식

1.1. 일차방정식

방정식의 차수는 각 항의 차수 가운데 가장 큰 차수를 의미한다. 따라서 각 항이 일차 이하인 다음의 방정식이 일차방정식의 일반형이다.

$$a_1x_1 + a_2x_2 + \cdots + a_nx_n = b$$

여기서 $a_1, \cdots, a_n, b$는 상수, $x_1, \cdots, x_n$은 미지수이며 상수 a_i가운데 최소한 영이 아닌 것이 하나 존재한다. 미지수가 n개인 일차방정식을 n원 일차방정식이라 한다.

예 1 ① $2x=4$ (일원일차방정식)

② $x-2y=0$ (이원일차방정식)

③ $x-2y+3z=1$ (삼원일차방정식)

1.2. 일차방정식의 해

일차방정식의 해를 표시하는 방법을 예 1의 방정식으로 설명해 보자.

① $2x=4$ (일원일차방정식)

이 일차방정식은 유일한 해 $x=2$ 를 갖는다.

② $x-2y=0$ (이원일차방정식)

y가 임의의 수 c일 때 $x=2c$ 이므로, 해를 벡터로 표현하면

$$\begin{bmatrix} x \\ y \end{bmatrix} = \begin{bmatrix} 2c \\ c \end{bmatrix} = c\begin{bmatrix} 2 \\ 1 \end{bmatrix}, \ c \in R$$

♣주의: 방정식②의 해집합이 평면에서의 직선도형을 의미하므로, 해를 벡터로 표현한 이 식은 기하학적 의미로 직선의 벡터방정식이다.

③ $x-2y+3z=1$ (삼원일차방정식)

y, z가 임의의 수 c, d일 때, $x=2c-3d+1$ 이므로

$$\begin{bmatrix} x \\ y \\ z \end{bmatrix} = \begin{bmatrix} 2c-3d+1 \\ c \\ d \end{bmatrix} = c\begin{bmatrix} 2 \\ 1 \\ 0 \end{bmatrix} + d\begin{bmatrix} -3 \\ 0 \\ 1 \end{bmatrix} + \begin{bmatrix} 1 \\ 0 \\ 0 \end{bmatrix}, \quad c, d \in R$$

♣주의: 방정식③의 해집합이 공간에서의 평면도형을 의미하므로, 해를 벡터로 표현한 이 식은 기하학적 의미로 평면의 벡터방정식이다.

2. 연립일차방정식

2.1. 선형변환과 연립일차방정식

선형변환 L 과 이 변환의 행렬을 $A=[a_{ij}]_{m\times n}$ 라 하면, 입력벡터 x 에 대한 출력벡터는 Ax 이다. 따라서, 주어진 벡터 b 를 출력벡터로 하는 입력벡터 x 는 벡터방정식 $Ax=b$ 을 만족한다.

정의 1

선형변환의 방정식

벡터방정식 $Ax=b$ 를 행렬 A 에 대응하는 선형변환의 방정식이라 한다.

행렬 A 와 벡터 x, b 의 성분들을 다음과 같이 표시하자.

$$A=\begin{bmatrix} a_{11} & a_{12} & \cdots & a_{1n} \\ a_{21} & a_{22} & \cdots & a_{2n} \\ \vdots & \vdots & \ddots & \vdots \\ a_{m1} & a_{m2} & \cdots & a_{mn} \end{bmatrix}, \quad x=\begin{bmatrix} x_1 \\ x_2 \\ \vdots \\ x_n \end{bmatrix}, \quad b=\begin{bmatrix} b_1 \\ b_2 \\ \vdots \\ b_n \end{bmatrix}$$

선형변환의 방정식 $Ax=b$ 을 성분으로 표시하면 다음과 같다.

$$\begin{cases} a_{11}x_1 + a_{12}x_2 + \cdots + a_{1n}x_n = b_1 \\ a_{21}x_1 + a_{22}x_2 + \cdots + a_{2n}x_n = b_2 \\ \quad \vdots \qquad\quad \vdots \qquad\qquad\qquad \vdots \qquad\quad \vdots \\ a_{m1}x_1 + a_{m2}x_2 + \cdots + a_{mn}x_n = b_m \end{cases}$$

여기서 a_{ij} 는 상수, $x_1, x_2, \cdots, x_n$ 는 미지수이다. 이와 같은 성분표시를 다음과 같이 정의한다.

정의 2

두 개 이상의 일차방정식의 집합을 연립일차방정식이라 한다.

예 2 ① $\begin{cases} x+y=2 \\ x-y=0 \end{cases}$ ② $\begin{cases} x+2y+z=3 \\ x-y+z=0 \end{cases}$ ③ $\begin{cases} x+2y+z=3 \\ x-y+z=0 \\ 2x+y+z=3 \end{cases}$

이와 같이 선형변환의 방정식은 연립일차방정식과 일대일 대응하므로, 선형변환의 방정식을 풀기 위하여 연립일차방정식의 해를 구하는 방법을 생각하는 것으로 충분하다. 따라서, 연립일차방정식의 해를 구하는 방법을 생각해 보자.

2.2. 연립일차방정식의 행렬표현

다음과 같은 연립일차방정식을 생각해 보자.

$$\begin{cases} a_{11}x_1 + a_{12}x_2 + \cdots + a_{1n}x_n = b_1 \\ a_{21}x_1 + a_{22}x_2 + \cdots + a_{2n}x_n = b_2 \\ \vdots \qquad\qquad \vdots \qquad\qquad\qquad \vdots \qquad\quad \vdots \\ a_{m1}x_1 + a_{m2}x_2 + \cdots + a_{mn}x_n = b_m \end{cases}$$

이 연립일차방정식은 다음과 같이 행렬모양으로 표현될 수 있다.

$$Ax = b, \; A=\begin{bmatrix} a_{11} & a_{12} & \cdots & a_{1n} \\ a_{21} & a_{22} & \cdots & a_{2n} \\ \vdots & \vdots & \ddots & \vdots \\ a_{m1} & a_{m2} & \cdots & a_{mn} \end{bmatrix}, \; x=\begin{bmatrix} x_1 \\ x_2 \\ \vdots \\ x_n \end{bmatrix}, \; b=\begin{bmatrix} b_1 \\ b_2 \\ \vdots \\ b_m \end{bmatrix}$$

예 3 연립방정식 $\begin{cases} x+y=2 \\ x-y=0 \end{cases}$ 을 행렬모양으로 나타내면 다음과 같다.

$$\begin{bmatrix} 1 & 1 \\ 1 & -1 \end{bmatrix}\begin{bmatrix} x \\ y \end{bmatrix}=\begin{bmatrix} 2 \\ 0 \end{bmatrix}$$

행렬연산에 의한 연립일차방정식의 해를 구하기 위하여 다음과 같이 정의되는 계수행렬과 확대행렬을 필요로 한다.

정의 3

계수행렬
확대행렬

연립일차방정식의 행렬표현이 $Ax = b$ 일 때

(1) 행렬 A 를 <u>계수행렬</u>이라 한다

(2) 행렬 A 에 b 를 열벡터로 덧붙인 행렬 $[A \mid b]$ 를 <u>확대행렬</u> 이라 한다.

예 4 연립일차방정식 $\begin{cases} x+y+z+w=-2 \\ x-y+2z+w=0 \\ 2x-y+z-w=1 \\ 3x-y-z-2w=-3 \end{cases}$ 을 행렬모양으로 표시하고 계수행렬과 확대행렬을 구하라.

풀이. 행렬표현 : $\begin{bmatrix} 1 & 1 & 1 & 1 \\ 1 & -1 & 2 & 1 \\ 2 & -1 & 1 & -1 \\ 3 & -1 & -1 & -2 \end{bmatrix} \begin{bmatrix} x \\ y \\ z \\ w \end{bmatrix} = \begin{bmatrix} -2 \\ 0 \\ 1 \\ -3 \end{bmatrix}$

계수행렬 : $\begin{bmatrix} 1 & 1 & 1 & 1 \\ 1 & -1 & 2 & 1 \\ 2 & -1 & 1 & -1 \\ 3 & -1 & -1 & -2 \end{bmatrix}$

확대행렬 : $\begin{bmatrix} 1 & 1 & 1 & 1 & -2 \\ 1 & -1 & 2 & 1 & 0 \\ 2 & -1 & 1 & -1 & 1 \\ 3 & -1 & -1 & -2 & -3 \end{bmatrix}$

2.3. 연립일차방정식의 기본연산

행렬연산에 의하여 연립일차방정식의 해를 풀이하는 방법을 유도하기 위하여, 기존의 방법으로 해를 구하는 과정에서 사용되는 기본연산들, 즉 방정식의 해에는 영향을 주지 않으면서 식을 변환시키는 연산들을 생각해 보자.

다음의 두 가지 연산은 방정식의 해에는 영향을 주지 않으면서 해를 구하기에 적합한 형태의 방정식으로 변환시키는 기본연산들이다.

① 방정식의 양변에 같은 수를 더한다.
② 방정식의 양변에 영이 아닌 수를 곱한다.

예를 들면,

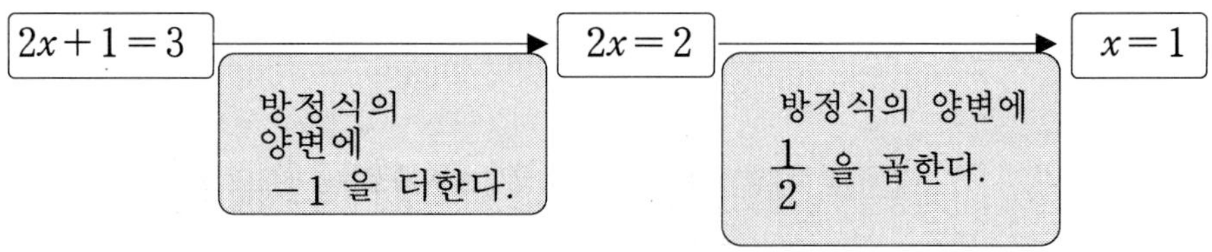

연립일차방정식의 해를 구하기 위하여, 방정식의 해에는 영향을 주지 않고 풀기 쉬운 연립일차방정식의 형태로 변화시키는 다음의 세 가지 기본연산들이 있다.

① 방정식의 양변에 영이 아닌 수를 곱한다.
② 하나의 방정식의 상수 곱을 다른 방정식에 더한다.
③ 두 방정식을 교환한다.

이러한 세 가지 연산들을 계속 적용하여 미지수를 소거함으로써 연립방정식의 해를 얻을 수 있다.

♣**주의:** 연립일차방정식의 기본연산 가운데 ②는 일차방정식의 연산 '방정식의 양변에 같은 수를 더한다' 의 변화형태이며, ③은 행렬에 의한 변형에 필요한 연산이다.

2.4. 기본연산과 확대행렬

연립일차방정식의 기본연산에 의한 풀이과정을 확대행렬에 적용함으로써, 행렬의 기본연산에 의한 연립일차방정식의 해를 구하는 방법을 유도해 보자. 연립일차방정식의 해를 구하는 과정과 확대행렬의 변화를 살펴보면 다음과 같다.

연립방정식	확대행렬
$\begin{cases} x+y=2 \\ 2x-y=1 \end{cases}$	$\begin{bmatrix} 1 & 1 & 2 \\ 2 & -1 & 1 \end{bmatrix}$
2 식	2 행
⇩	⬇
$\begin{cases} x+y=2 \\ -3y=-3 \end{cases}$	$\begin{bmatrix} 1 & 1 & 2 \\ 0 & -3 & -3 \end{bmatrix}$
2 식 : $=(-\frac{1}{3})\cdot$ 2 식	2 행 : $=(-\frac{1}{3})\cdot$ 2 행
⇩	⬇
$\begin{cases} x+y=2 \\ y=1 \end{cases}$	$\begin{bmatrix} 1 & 1 & 2 \\ 0 & 1 & 1 \end{bmatrix}$
1 식 $:=$ 1 식 $+(-1)\cdot$ 2 식	1 행 $:=$ 1 행 $+(-1)\cdot$ 2 행
⇩	⬇
$\begin{cases} x=1 \\ y=1 \end{cases}$	$\begin{bmatrix} 1 & 0 & 1 \\ 0 & 1 & 1 \end{bmatrix}$

2.5. 확대행렬의 기본행연산

확대행렬의 각 행은 주어진 연립방정식의 각 방정식에 대응하므로 연립방정식의 해를 확대행렬에서의 행에 관한 연산들로 구할 수 있음을 앞에서 확인하였다. 여기서 사용된 확대행렬의 행에 관한 세 가지 기본연산들을 다음과 같이 정의한다.

정의 4

행렬의 기본행연산

다음의 세 가지 연산을 행렬의 기본행연산(elementary row operation)이라 한다.

(1) 한 행에 0 이 아닌 상수를 곱한다.
(2) 한 행의 상수 곱을 다른 행에 더한다.
(3) 두 행을 교환한다.

제 i행을 R_i라 하면, 행렬의 기본행연산을 다음과 같이 간단히 표기하기로 한다.

① 제 i행의 상수 c곱 : cR_i
② 제 i행과 제 j행을 교환 : $R_i \leftrightarrow R_j$
③ 제 j행의 상수 c곱을 제 i행에 더한다 : $R_i + cR_j$

2.6. 행 동치행렬

행렬 A에 기본행연산을 적용하여 행렬 B가 되었다면, 확대행렬을 A로 하는 연립일차방정식은 확대행렬을 B로 하는 연립일차방정식과 표현은 일반적으로 다르지만 의미는 같은 것이다. 즉, 두 연립방정식의 해는 같다. 따라서 다음과 같이 행 동치행렬을 정의한다.

정의 5

행동치행렬

행렬 A가 기본행연산에 의해 행렬 B로 변형되었을 때, A와 B는 행 동치(row equivalent)라 하고 $A \sim B$로 표시한다.

다음 예를 통하여 연립일차방정식의 확대행렬을 행 동치행렬로 변화시켜 해를 구하는 과정을 살펴보자.

예 5 다음 연립일차방정식의 확대행렬을 기본행연산에 의한 행 동치행렬로 변화시켜 해를 구하라.

$$\begin{cases} \quad\quad 2y - 8z = 8 \\ x - 2y + z = 0 \\ -4x + 5y + 9z = -9 \end{cases}$$

풀이. 확대행렬 :

$$\begin{matrix} R_1 \\ R_2 \\ R_3 \end{matrix}\begin{bmatrix} 0 & 2 & -8 & 8 \\ 1 & -2 & 1 & 0 \\ -4 & 5 & 9 & -9 \end{bmatrix} \sim \begin{bmatrix} 1 & -2 & 1 & 0 \\ 0 & 2 & -8 & 8 \\ -4 & 5 & 9 & -9 \end{bmatrix}$$

$R_1 \leftrightarrow R_2$

$$\sim \begin{bmatrix} 1 & -2 & 1 & 0 \\ 0 & 2 & -8 & 8 \\ 0 & -3 & 13 & -9 \end{bmatrix} \sim \begin{bmatrix} 1 & -2 & 1 & 0 \\ 0 & 1 & -4 & 4 \\ 0 & -3 & 13 & -9 \end{bmatrix}$$

$R_3 + 4R_1$ $\quad \frac{1}{2}R_2$

$$\sim \begin{bmatrix} 1 & -2 & 1 & 0 \\ 0 & 1 & -4 & 4 \\ 0 & 0 & 1 & 3 \end{bmatrix} \sim \begin{bmatrix} 1 & -2 & 0 & -3 \\ 0 & 1 & 0 & 16 \\ 0 & 0 & 1 & 3 \end{bmatrix}$$

$R_3 + 3R_2$ $\quad R_2 + 4R_3$, $R_1 + (-1)R_3$

$$\sim \begin{bmatrix} 1 & 0 & 0 & 29 \\ 0 & 1 & 0 & 16 \\ 0 & 0 & 1 & 3 \end{bmatrix}$$

$R_1 + 2R_2$

따라서, 해는 $\begin{bmatrix} x \\ y \\ z \end{bmatrix} = \begin{bmatrix} 29 \\ 16 \\ 3 \end{bmatrix}$ 이다.

2.7. 해집합의 유형

(1) 도표

연립일차방정식의 해집합의 유형을 다음의 세 가지로 나눌 수 있다.

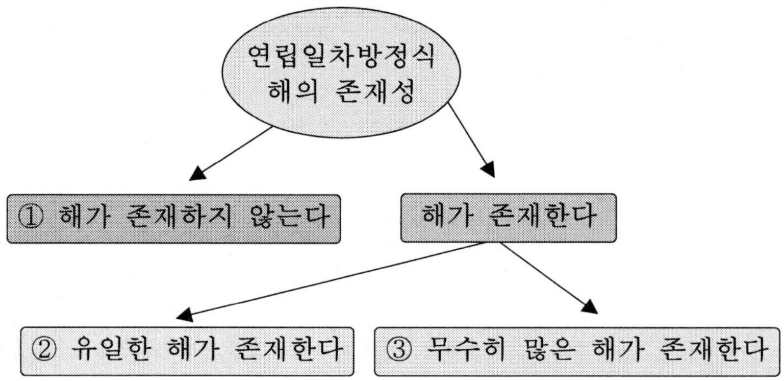

예 6 ① 해가 존재하지 않는 경우 : $\begin{cases} x + y = 1 \\ 2x + 2y = 1 \end{cases}$

② 유일한 해가 존재할 경우 : $\begin{cases} x + y = 2 \\ x - y = 0 \end{cases}$

③ 무수히 많은 해가 존재할 경우 : $\begin{cases} x + y = 2 \\ 2x + 2y = 4 \end{cases}$

(2) 그래프

연립일차방정식의 해집합이 세 가지 유형들로 나타나는 경우를 그래프를 통하여 이해해 보자.
미지수 x, y에 관한 다음 연립일차방정식에서 각 방정식의 그래프는 직선이고 이 연립일차방정식의 해는 두 직선의 교점에 대응한다.

$$\begin{cases} a_{11}x_1 + a_{12}x_2 = b_1 \\ a_{21}x_1 + a_{22}x_2 = b_2 \end{cases}$$

따라서 다음의 세 가지 가능성이 존재한다.

① 두 직선이 평행한 경우 : 해가 존재하지 않는다.

② 두 직선이 한 점에서 만나는 경우 : 유일한 해가 존재한다.

③ 두 직선이 일치한 경우 : 무수히 많은 해가 존재한다.

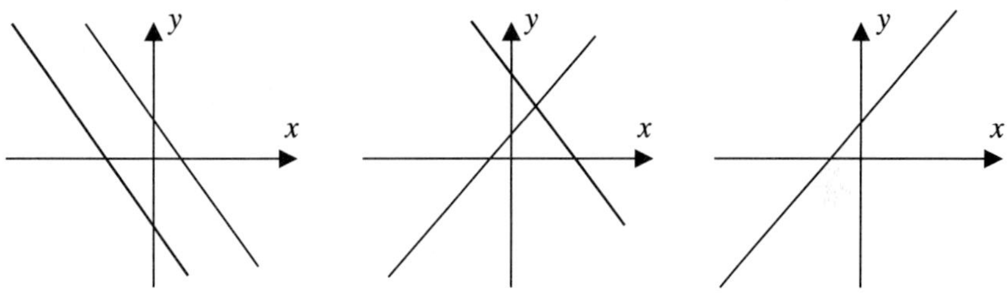

2.8. 해집합의 유형과 행 동치행렬

연립일차방정식의 해집합을 세 가지 유형으로 나누었다. 이러한 각 유형들이 확대행렬의 기본행연산에 의한 행 동치행렬이 어떠한 특정한 모양으로 나타나는지 살펴보자.

① 해가 존재하지 않는 경우 :

연립일차방정식 $\begin{cases} x + y = 1 \\ 2x + 2y = 1 \end{cases}$ 에서

$$\text{확대행렬 : } \begin{matrix} R_1 \\ R_2 \end{matrix}\begin{bmatrix} 1 & 1 & 1 \\ 2 & 2 & 1 \end{bmatrix} \underset{R_2+(-2)R_1}{\sim} \begin{bmatrix} 1 & 1 & 1 \\ 0 & 0 & -1 \end{bmatrix}$$

행 동치행렬의 제2행은 $0x+0y=-1$ 을 의미하므로 이 식을 만족하는 x, y 값은 존재하지 않는다. 따라서 마지막 원소만 영이 아닌 하나의 행을 포함하는 경우 연립일차방정식의 해는 존재하지 않음을 알 수 있다.

② 유일한 해를 갖는 경우 :

연립일차방정식 $\begin{cases} x + y = 2 \\ x - y = 0 \end{cases}$ 에서

$$\text{확대행렬 : } \begin{matrix} R_1 \\ R_2 \end{matrix}\begin{bmatrix} 1 & 1 & 2 \\ 1 & -1 & 0 \end{bmatrix} \underset{R_2+(-1)R_1}{\sim} \begin{bmatrix} 1 & 1 & 2 \\ 0 & -2 & -2 \end{bmatrix}$$

$$\underset{(-\frac{1}{2})R_2}{\sim} \begin{bmatrix} 1 & 1 & 2 \\ 0 & 1 & 1 \end{bmatrix} \underset{R_1+(-1)R_2}{\sim} \begin{bmatrix} 1 & 0 & 1 \\ 0 & 1 & 1 \end{bmatrix}$$

이 경우 유일한 해가 존재한다. 따라서, 행 동치행렬의 계수행렬이 단위행렬로 나타나는 경우 유일한 해가 존재함을 알 수 있다.

③ 무수히 많은 해를 갖는 경우 :

연립일차방정식 $\begin{cases} x + y = 2 \\ 2x + 2y = 4 \end{cases}$ 에서

$$\text{확대행렬 : } \begin{matrix} R_1 \\ R_2 \end{matrix}\begin{bmatrix} 1 & 1 & 2 \\ 2 & 2 & 4 \end{bmatrix} \underset{R_2+(-2)R_1}{\sim} \begin{bmatrix} 1 & 1 & 2 \\ 0 & 0 & 0 \end{bmatrix}$$

행 동치행렬의 제2행의 방정식은 $0x+0y=0$ 을 의미하므로, 영벡터로 나타난 행은 연립일차방정식의 해에는 영향을 주지 않는다. 따라서 해가 존재한다면 영벡터가 아닌 행의 개수가 미지수의 개수보다 작으면 무수히 많은 해가 존재한다.

3. 가우스 소거법

다음의 연립일차방정식

$$\begin{cases} a_{11}x_1 & + & a_{12}x_2 & + & \cdots & + & a_{1n}x_n & = b_1 \\ a_{21}x_1 & + & a_{22}x_2 & + & \cdots & + & a_{2n}x_n & = b_2 \\ \vdots & & \vdots & & & & \vdots & \vdots \\ a_{m1}x_1 & + & a_{m2}x_2 & + & \cdots & + & a_{mn}x_n & = b_m \end{cases}$$

을 행렬로 표현하면 다음과 같다.

$$Ax = b\,,\ A = \begin{bmatrix} a_{11} & a_{12} & \cdots & a_{1n} \\ a_{21} & a_{22} & \cdots & a_{2n} \\ \vdots & \vdots & \ddots & \vdots \\ a_{m1} & a_{m2} & \cdots & a_{mn} \end{bmatrix},\ x = \begin{bmatrix} x_1 \\ x_2 \\ \vdots \\ x_n \end{bmatrix},\ b = \begin{bmatrix} b_1 \\ b_2 \\ \vdots \\ b_n \end{bmatrix}$$

여기서 행렬 A는 계수행렬, 행렬 A에 b를 덧붙인 행렬인 확대행렬은 $[A \mid b]$이다. 이 확대행렬에서 연립일차방정식의 해를 구하기 위하여 행렬의 기본행연산을 소개하였다. 이를 이용하여 연립일차방정식의 해를 구하는 방법으로, 계수행렬을 행제형행렬모양으로 변환시키는 가우스 소거법을 소개한다.

또한 가우스 소거법에서의 행제형 행렬을 보다 간단한 모양인 이른바 기약 행제형행렬을 정의하고, 이를 이용하여 연립일차방정식의 해를 구하는 가우스-조르단 소거법을 소개한다. 아울러 계수행렬과 행동치인 기약 행제형행렬로부터 해집합의 유형을 결정하는 방법을 제시한다.

3.1. 행제형(row echelon form) 행렬

연립일차방정식의 해를 구하기 위해 확대행렬을 기본행연산에 따라 간단한 모양의 행 동치행렬로 변화시켜 해를 구하는 방법에 대하여 생각해 보았다. 이러한 행 동치행렬들 가운데 연립일차방정식의 해집합의 유형과 해를 결정하는 표준모델을 구성할 필요가 있다.

우선 확대행렬의 행 동치행렬이 다음과 같은 모양으로 나타났을 때 연립일차방정식의 해의 존재성에 관해 생각해 보자.

$$① \begin{bmatrix} 1 & 2 & -1 & 2 \\ 0 & 1 & 2 & 1 \\ 0 & 0 & 0 & 3 \end{bmatrix} \quad ② \begin{bmatrix} 1 & 2 & -1 & 2 \\ 0 & 1 & 2 & 1 \\ 0 & 0 & 1 & 3 \end{bmatrix} \quad ③ \begin{bmatrix} 1 & 2 & -1 & 2 \\ 0 & 0 & 1 & 1 \\ 0 & 0 & 0 & 0 \end{bmatrix}$$

(1) ①의 행렬은 제3행에 의하여 해가 존재하지 않는 경우이다.

(2) ②의 행렬은 유일한 해가 존재하는 경우이다.

(3) ③의 행렬은 무수히 많은 해가 존재하는 경우이다.

이 유형들은, 행 동치행렬의 특정한 모양에 따라 연립일차방정식의 해를 결정할 수 있음을 암시한다. 이에 대한 해답을 구하기 위해 다음과 같은 행렬모양을 생각해 보자.

$$\begin{bmatrix} 1 & a_{12} & a_{13} & a_{14} & a_{15} & a_{16} & a_{17} & a_{18} \\ 0 & 1 & a_{23} & a_{24} & a_{25} & a_{26} & a_{27} & a_{28} \\ 0 & 0 & 0 & 1 & a_{35} & a_{36} & a_{37} & a_{38} \\ 0 & 0 & 0 & 0 & 1 & a_{46} & a_{47} & a_{48} \\ 0 & 0 & 0 & 0 & 0 & 0 & 0 & 1 \\ 0 & 0 & 0 & 0 & 0 & 0 & 0 & 0 \\ 0 & 0 & 0 & 0 & 0 & 0 & 0 & 0 \end{bmatrix}$$

이러한 형태의 배열을 행제형이라 한다. 행제형의 의미를 생각하면서 행제형 행렬모양에 대한 정확한 정의를 내려보면 다음과 같다.

정의 6

행렬의 선두원소

행렬의 각 행에서 영이 아닌 첫 번째 원소를 선두원소(leading element)라 한다.

정의 7

행제형 행렬

다음의 세 가지 조건을 만족하는 행렬을 행제형(row echelon form) 행렬 또는 가우스(Gauss) 행렬이라 한다.

(1) 영벡터인 행들은 영이 아닌 행들의 아래행에 있다.

(2) 각 행의 선두원소는 1 이다.

(3) 각 행의 선두원소는 이전 행의 선두원소들의 오른쪽 열에 있다.

정의 8

피봇

행제형행렬에서 각 행의 선두원소를 그 행의 피봇(pivot)이라 한다.

행제형행렬의 모양을 표시해 보면 다음과 같다.

$$\begin{bmatrix} 1 & 2 & * & * & * & * & * & * & * & * & * & * \\ & 1 & 0 & 5 & 7 & * & * & * & * & * & * & * \\ & & & 1 & 1 & * & * & * & * & * & * & * \\ & & & & & 1 & 3 & * & * & * & * & * \\ & & & & & & & 1 & 2 & 4 & * & * \\ & & \text{\Huge 0} & & & & & & & & & \end{bmatrix}$$

행제형 행렬을 계수로 하는 연립일차방정식이 해를 갖기 위한 조건을 유도하기 위해 다음과 같은 연립일차방정식을 생각해 보자.

$$\begin{cases} x_1 + a_{12}x_2 + a_{13}x_3 + a_{14}x_4 + a_{15}x_5 + a_{16}x_6 + a_{17}x_7 + a_{18}x_8 = b_1 \\ x_2 + a_{23}x_3 + a_{24}x_4 + a_{25}x_5 + a_{26}x_6 + a_{27}x_7 + a_{28}x_8 = b_2 \\ x_4 + a_{35}x_5 + a_{36}x_6 + a_{37}x_7 + a_{38}x_8 = b_3 \\ x_5 + a_{46}x_6 + a_{47}x_7 + a_{48}x_8 = b_4 \\ x_8 = b_5 \\ 0 = b_6 \\ 0 = b_7 \end{cases}$$

이 연립일차방정식이 해를 갖기 위해서는 $b_6 = 0$, $b_7 = 0$ 을 만족해야 한다. 따라서 연립일차방정식의 해의 존재성에 대한 다음의 결과를 예상할 수 있다.

정 리 1

다음은 계수행렬이 행제형인 연립일차방정식 $Ax = b$ 가 해를 갖기 위한 필요충분조건이다.

> A 의 어느 행이 영벡터이면, 확대행렬 $[A \mid b]$ 의 그 행도 영벡터이다.

3.2. 후진대입법(Back substitution)

계수행렬이 행제형인 위의 연립일차방정식이 해를 갖는다면 다음과 같이 간단히 표시된다.

$$\begin{cases} x_1 + a_{12}x_2 + a_{13}x_3 + a_{14}x_4 + a_{15}x_5 + a_{16}x_6 + a_{17}x_7 + a_{18}x_8 = b_1 \\ x_2 + a_{23}x_3 + a_{24}x_4 + a_{25}x_5 + a_{26}x_6 + a_{27}x_7 + a_{28}x_8 = b_2 \\ x_4 + a_{35}x_5 + a_{36}x_6 + a_{37}x_7 + a_{38}x_8 = b_3 \\ x_5 + a_{46}x_6 + a_{47}x_7 + a_{48}x_8 = b_4 \\ x_8 = b_5 \end{cases}$$

이 연립일차방정식의 각 방정식을 아래에서부터 풀어서 나열하면

$$
\begin{aligned}
x_8 &= b_5 \\
x_5 &= b_4 - a_{46}x_6 - a_{47}x_7 - a_{48}x_8 \\
x_4 &= b_3 - a_{35}x_5 - a_{36}x_6 - a_{37}x_7 - a_{38}x_8 \\
x_2 &= b_2 - a_{23}x_3 - a_{24}x_4 - a_{25}x_5 - a_{26}x_6 - a_{27}x_7 - a_{28}x_8 \\
x_1 &= b_1 - a_{12}x_2 - a_{13}x_3 - a_{14}x_4 - a_{15}x_5 - a_{16}x_6 - a_{17}x_7 - a_{18}x_8
\end{aligned}
$$

후진대입법

이 방법을 후진대입법이라 한다. 여기서 x_3, x_6, x_7 은 임의의 값을 가질 수 있다. 이 값이 주어질 때마다 변수 x_1, x_2, x_4, x_5, x_8 이 결정된다. 변수 x_1, x_2, x_4, x_5, x_8 는 각 행의 피봇원소에 대응하는 변수들이므로 다음의 정의에 따라 변수들을 구분한다.

정의 9

기본변수
자유변수

계수행렬이 행제형인 연립일차방정식에서, 행제형 행렬의 피봇원소들에 대응하는 변수들을 기본변수(Basic variable), 그 이외의 변수들을 자유변수(Free variable)라 한다.

♣주의: 해가 존재하는 연립일차방정식이 자유변수를 갖는다는 것은 무수히 많은 해가 존재함에 유의하자.

예 7 행제형 행렬 $\begin{bmatrix} 1 & 3 & -2 & 0 & 3 \\ 0 & 1 & 5 & 3 & 10 \\ 0 & 0 & 0 & 1 & 6 \end{bmatrix}$ 을 계수행렬로 하는 연립일차방정식의 변수가 $x_i (i = 1, \cdots, 5)$ 이라면 피봇원소에 해당하는 기본변수는 x_1, x_2, x_4, 자유변수는 x_3, x_5 이다.

3.3. 연립일차방정식의 해

지금까지 행제형 계수행렬을 갖는 연립일차방정식의 해의 존재성에 대해서 언급한 내용을 바탕으로 다음의 정리를 얻는다.

정 리 2

연립일차방정식 $Ax = b$의 확대행렬로 다음을 만족하는 행 동치행렬 $[H|c]$:

$$[A|b] \sim [H|c],\ H \text{ : 행제형행렬}$$

이 구성되었다고 하자. 이 행렬 $[H|c]$로부터 해의 존재성에 대한 세 가지 유형이 다음과 같이 결정된다.

(1) $Ax = b$의 해가 존재하지 않는다. $\Leftrightarrow$ 행렬 H의 한 행이 영벡터이고, 확대행렬 $[H|c]$의 그 행은 영벡터가 아닌 그러한 행이 존재한다.

(2) $Ax = b$의 유일한 해가 존재한다. $\Leftrightarrow$ 행렬 H의 모든 열이 하나의 피봇을 갖는다.

(3) $Ax = b$의 해가 존재할 경우, 무수히 많은 해를 갖는다. $\Leftrightarrow$ 행렬 H에서 피봇을 갖지 않는 열이 존재한다.

3.4. 가우스 소거법

정의 10

가우스 소거법 주어진 연립일차방정식 $Ax = b$의 확대행렬 $[A|b]$을 다음과 같은 행 동치행렬 모양으로 변환하여 해를 구하는 과정을 가우스 소거법이라 한다.

$$[H|c], \; H : \text{행제형}$$

이 과정을 요약하면 다음과 같다.

<가우스 소거법>

① 연립일차방정식 $Ax = b$ 의 확대행렬 $[A|b]$ 을 구성한다.

② 기본행연산에 의하여 다음과 같은 행 동치행렬 $[H|c]$ 을 구한다.

$$[A|b] \sim [H|c], \quad H : \text{행제형 행렬}$$

③ $[H|c]$ 을 확대행렬로 하는 연립일차방정식을 표시한다.

④ 후진대입법을 이용하여 해를 구한다.

예 8 가우스 소거법에 따라 다음 연립일차방정식의 해를 구하라.

$$\begin{cases} 2x - 4y + 2z = -2 \\ 2x - 4y + 3z = -4 \\ 4x - 8y + 3z = -2 \\ \qquad\quad\;\; -z = 2 \end{cases}$$

풀이.

$$[A|b] = \begin{bmatrix} 2 & -4 & 2 & -2 \\ 2 & -4 & 3 & -4 \\ 4 & -8 & 3 & -2 \\ 0 & 0 & -1 & 2 \end{bmatrix} \underset{\frac{1}{2}R_1}{\sim} \begin{bmatrix} 1 & -2 & 1 & -1 \\ 2 & -4 & 3 & -4 \\ 4 & -8 & 3 & -2 \\ 0 & 0 & -1 & 2 \end{bmatrix}$$

$$\underset{\substack{R_2 - 2R_1 \\ R_3 - 4R_1}}{\sim} \begin{bmatrix} 1 & -2 & 1 & -1 \\ 0 & 0 & 1 & -2 \\ 0 & 0 & -1 & 2 \\ 0 & 0 & -1 & 2 \end{bmatrix} \underset{\substack{R_3 + R_2 \\ R_4 + R_2}}{\sim} \begin{bmatrix} 1 & -2 & 1 & -1 \\ 0 & 0 & 1 & -2 \\ 0 & 0 & 0 & 0 \\ 0 & 0 & 0 & 0 \end{bmatrix} = [H|c]$$

3, 4 행은 영벡터이고 기본변수 x, z와 자유변수 y를 갖는다. 따라서 이 연립방정식은 무수히 많은 해를 가지며 변형된 연립일차방정식은 $\begin{cases} x-2y+z &= -1 \\ \quad\quad\quad\ z &= -2 \end{cases}$ 이다. y가 자유변수이므로 임의의 상수 c로 놓으면, 후진대입법에 의하여 이 연립일차방정식의 해는 다음과 같다.

$$\begin{cases} z = -2 \\ y = c \\ x = 2c+1 \end{cases}, \quad c \in R$$

4. 가우스-조르단(Gauss-Jordan) 소거법

가우스 소거법은 연립일차방정식의 계수행렬이 행제형일 때까지 확대행렬을 기본 행연산으로 변환한 후 후진대입법으로 해를 구하는 방법이다. 그러나, 후진대입법 대신에 기본 행변환을 계속하여 해를 구하는 가우스-조르단 소거법을 소개한다.

4.1. 기약 행제형(reduced row echelon form) 행렬

행제형 행렬에서는 후진대입법을 필요로 한다. 그러나 이 과정 또한 기본행연산으로 처리하여 가장 간단한 모양의 행 동치행렬을 구성함으로써, 연립방정식의 해를 바로 계산할 수 있다. 이러한 행 동치행렬을 다음과 같이 정의한다.

정의 11

기약 행제형행렬 피봇을 포함하는 열의 피봇 이외의 모든 원소가 0인 행제형 행렬을 기약 행제형(reduced row echelon form)행렬이라 한다.

예 9 기약이 아닌 행제형행렬 :

$$\begin{bmatrix} 1 & 2 & 3 & 2 \\ 0 & 1 & 4 & 5 \\ 0 & 0 & 1 & 6 \end{bmatrix}, \begin{bmatrix} 1 & 1 & 2 & 3 \\ 0 & 1 & 1 & 0 \\ 0 & 0 & 1 & 3 \end{bmatrix}$$

기약 행제형행렬 :

$$\begin{bmatrix} 1 & 0 & 0 \\ 0 & 1 & 0 \\ 0 & 0 & 0 \end{bmatrix}, \begin{bmatrix} 0 & 1 & 5 & 0 & 6 \\ 0 & 0 & 0 & 1 & 1 \\ 0 & 0 & 0 & 0 & 0 \end{bmatrix}$$

4.2. 가우스-조르단 소거법

정의 12

가우스-조르단 소거법 주어진 연립일차방정식 $Ax = b$ 의 확대행렬 $[A \mid b]$ 을 다음과 같은 행동치행렬 모양으로 변환하여 해를 구하는 과정을 <u>가우스-조르단 소거법</u>이라 한다.

$$[H \mid c], \quad H \text{ : 기약 행제형행렬}$$

이 과정을 요약하면 다음과 같다.

<가우스-조르단 소거법>

① 연립일차방정식 $Ax = b$ 의 확대행렬 $[A \mid b]$ 을 구성한다.

② 기본행연산에 의하여 다음과 같은 행 동치행렬 $[H \mid c]$ 을 구한다.

$$[A \mid b] \sim [H \mid c], \quad H \text{ : 기약 행제형행렬}$$

③ $[H \mid c]$ 을 확대행렬로 하는 연립일차방정식의 해를 구한다.

예 10 확대행렬 $[A \mid b] = \begin{bmatrix} 1 & 3 & -2 & 0 & 3 \\ 0 & 1 & 5 & 3 & 10 \\ 0 & 0 & 0 & 1 & 6 \end{bmatrix}$ 을 갖는 연립일차방정식의 해를 구하라.

풀이. 계수행렬 A 가 행제형이므로, 기약행제형이 될 때까지 기본행연산을 계속하면

$$[A \mid b] = \begin{bmatrix} 1 & 3 & -2 & 0 & 3 \\ 0 & 1 & 5 & 3 & 10 \\ 0 & 0 & 0 & 1 & 6 \end{bmatrix} \sim \begin{bmatrix} 1 & 0 & -17 & -9 & -27 \\ 0 & 1 & 5 & 3 & 10 \\ 0 & 0 & 0 & 1 & 6 \end{bmatrix}$$

$$R_1 - 3R_2$$

$$\sim \begin{bmatrix} 1 & 0 & -17 & 0 & 27 \\ 0 & 1 & 5 & 0 & -8 \\ 0 & 0 & 0 & 1 & 6 \end{bmatrix} = [H|c]$$

R_1+9R_3
R_2-3R_3

$[H|c]$를 확대행렬로 하는 연립방정식의 변수를 x, y, z, w라 하면 이 연립방정식은 자유변수가 z이므로 무수히 많은 해를 가지며 다음과 같이 나타낼 수 있다.

$$\begin{cases} x = 17c+27 \\ y = -5c-8 \\ z = c \\ w = 6 \end{cases}, \quad c \in R$$

5. 동차(homogeneous) 연립일차방정식

5.1. 동차 연립일차방정식의 정의

모든 연립일차방정식이 항상 해를 갖는 것은 아니다. 그러나, 상수항이 0인 연립일차방정식은 항상 해를 갖는다. 이러한 연립일차방정식은 문제해결에 중요한 의미를 갖는다.

정의 13

동차연립 일차방정식 다음과 같이 상수항이 모두 0인 연립일차방정식을 동차 연립일차방정식(homogeneous system of linear equations)이라 한다.

$$\begin{cases} a_{11}x_1 + a_{12}x_2 + \cdots + a_{1n}x_n = 0 \\ a_{21}x_1 + a_{22}x_2 + \cdots + a_{2n}x_n = 0 \\ \qquad \vdots \qquad\qquad \vdots \qquad\qquad\qquad \vdots \qquad\quad \vdots \\ a_{m1}x_1 + a_{m2}x_2 + \cdots + a_{mn}x_n = 0 \end{cases}$$

동차 연립일차방정식은 $x_1=0$, $x_2=0$, $\cdots$, $x_n=0$이 항상 해가 되기 때문에 적어도 한 개의 해를 갖는다. 이 해를 자명한 해(trivial solution)라 하고, 그 이외의 해가 존재하는 경우 그 해를 자명하지 않는 해(nontrivial solution)라 한다.

자명한 해

예 11 (1) 연립일차방정식 $\begin{cases} x+y=0 \\ x-y=0 \end{cases}$ 은 자명한 해 $x=0, y=0$ 만 갖는다.

(2) 연립일차방정식 $\begin{cases} 2x+2y=0 \\ x+y=0 \end{cases}$ 은 자명한 해 이외에도 무수히 많은 해를 갖는다. 즉, 임의의 상수 c에 대하여 $x=c,\ y=-c$ 는 이 방정식의 해이다.

5.2. 동차 연립일차방정식의 해

동차 연립일차방정식은 다음과 같이 보다 특별한 의미를 갖는다.

- 임의의 동차 연립일차방정식이 유일한 해를 갖는다면 그것은 자명한 해이고, 자명한 해 이외의 해를 갖는다면 무한개의 해가 존재한다.
- 동차 연립일차방정식의 상수항은 0 이므로, 기본행연산에 영향을 받지 않는다. 따라서 확대행렬은 의미를 갖지 않으므로 계수행렬에 대해서만 기본행연산을 적용하여 해를 구할 수 있다.

예 12 다음 동차 연립일차방정식을 가우스-조르단 소거법에 의하여 풀어라.

$$\begin{cases} x_1 - 2x_2 + x_3 = 0 \\ 2x_1 - x_2 - x_3 = 0 \\ x_1 + 2x_2 - x_3 = 0 \end{cases}$$

풀이.

$$\begin{bmatrix} 1 & -2 & 1 \\ 2 & -1 & -1 \\ 1 & 2 & -1 \end{bmatrix} \underset{\substack{R_2-2R_1 \\ R_3-R_1}}{\sim} \begin{bmatrix} 1 & 2 & 1 \\ 0 & 3 & -3 \\ 0 & 4 & -2 \end{bmatrix} \underset{\frac{1}{3}R_2}{\sim} \begin{bmatrix} 1 & 2 & 1 \\ 0 & 1 & -1 \\ 0 & 4 & -2 \end{bmatrix}$$

$$\underset{\substack{R_1-2R_2 \\ R_3-4R_2}}{\sim} \begin{bmatrix} 1 & 0 & 3 \\ 0 & 1 & -1 \\ 0 & 0 & 2 \end{bmatrix} \underset{\frac{1}{2}R_3}{\sim} \begin{bmatrix} 1 & 0 & 3 \\ 0 & 1 & -1 \\ 0 & 0 & 1 \end{bmatrix} \underset{\substack{R_1-3R_3 \\ R_2+R_3}}{\sim} \begin{bmatrix} 1 & 0 & 0 \\ 0 & 1 & 0 \\ 0 & 0 & 1 \end{bmatrix}$$

그러므로 이 방정식은 자명한 해 $x_1 = x_2 = x_3 = 0$ 를 갖는다.

예 13 다음 동차연립일차방정식을 가우스-조르단 소거법에 의하여 풀어라.

$$\begin{cases} x_1 + 2x_2 + x_3 = 0 \\ 2x_1 + 4x_2 + 3x_3 = 0 \\ 3x_1 + 6x_2 + 6x_3 = 0 \end{cases}$$

풀이.

$$\begin{bmatrix} 1 & 2 & 1 \\ 2 & 4 & 3 \\ 3 & 6 & 6 \end{bmatrix} \sim \underset{\substack{R_2-2R_1 \\ R_3-3R_1}}{} \begin{bmatrix} 1 & 2 & 1 \\ 0 & 0 & 1 \\ 0 & 0 & 3 \end{bmatrix} \sim \underset{R_3-3R_2}{} \begin{bmatrix} 1 & 2 & 1 \\ 0 & 0 & 1 \\ 0 & 0 & 0 \end{bmatrix} \sim \underset{R_1-R_2}{} \begin{bmatrix} 1 & 2 & 0 \\ 0 & 0 & 1 \\ 0 & 0 & 0 \end{bmatrix}$$

자유변수 $x_2 = t$ 라 놓으면 구하는 해는

$$x_1 = -2t,\ x_2 = t,\ x_3 = 0$$

여기서 $t = 0$ 이라 놓으면 자명한 해가 됨을 알 수 있다.

위의 두 예를 통하여 다음과 같은 정리를 얻을 수 있다.

정리 3

계수행렬이 정방행렬인 동차 연립일차방정식이 자명한 해만 가질 필요충분조건은 계수행렬이 단위행렬과 행 동치이다.

연습문제 5장

1. 다음 연립일차방정식에 대하여

$$\begin{cases} 3x+2y-z=4 \\ 2x-y+2z=10 \\ x-3y-4z=5 \end{cases}$$

(1) $AX=B$형태로 표현하라.
(2) 계수행렬과 확대행렬을 구하라.
(3) 확대행렬에 다음과 같은 모양이 될 때까지 기본행연산을 적용한 후 연립일차방정식의 해를 구하라.

$$[A \mid b] \sim [D \mid c], \quad D : \text{상삼각행렬}$$

2. 다음 연립방정식이 유일한 해가 존재할 경우, 무수히 많은 해가 존재할 경우, 또는 해가 존재하지 않을 경우의 a값을 구하라.

$$\begin{cases} x+2y-3z=4 \\ 3x-y+5z=2 \\ 4x+y+(a^2-14)z=a+2 \end{cases}$$

3. 다음 행렬과 행 동치인 가우스 행렬을 두 가지 구하라.

$$\begin{bmatrix} 1 & 3 \\ 2 & 7 \end{bmatrix}$$

4. 가우스 소거법을 이용하여 다음 연립일차방정식의 해를 구하라.

(1) $\begin{cases} 2x-3y=32 \\ 3x+7y=-21 \end{cases}$

(2) $\begin{cases} 2x+y-3z=-5 \\ x-y+2z=12 \\ 7x-2y+3z=37 \end{cases}$

(3) $\begin{cases} x+y-z=1 \\ 3x-y+5z=3 \\ 7x+2y+3z=7 \end{cases}$

(4) $\begin{cases} 4x+7y+8z=2 \\ 5x+8y+13z=0 \\ 3x+5y+7z=1 \end{cases}$

5. 다음행렬이 기약가우스 행렬인지, 아니면 가우스 행렬인지 아닌지를 결정하라.

(1) $\begin{bmatrix} 1 & 2 & 0 & 3 & 0 \\ 0 & 0 & 1 & 1 & 0 \\ 0 & 0 & 0 & 0 & 1 \\ 0 & 0 & 0 & 0 & 0 \end{bmatrix}$ (2) $\begin{bmatrix} 1 & 0 & 0 & 5 \\ 0 & 0 & 1 & 3 \\ 0 & 1 & 0 & 4 \end{bmatrix}$ (3) $\begin{bmatrix} 1 & 0 & 3 & 1 \\ 0 & 1 & 2 & 4 \end{bmatrix}$

(4) $\begin{bmatrix} 1 & -7 & 5 & 5 \\ 0 & 1 & 3 & 2 \end{bmatrix}$ (5) $\begin{bmatrix} 1 & 3 & 0 & 2 & 0 \\ 1 & 0 & 2 & 2 & 0 \\ 0 & 0 & 0 & 0 & 1 \\ 0 & 0 & 0 & 0 & 0 \end{bmatrix}$ (6) $\begin{bmatrix} 0 & 0 \\ 0 & 0 \\ 0 & 0 \end{bmatrix}$

6. 다음 각 연립방정식을 가우스-조르단 소거법에 의하여 풀어라.

(1) $\begin{cases} 2x-3y=-2 \\ 2x+y=1 \\ 3x+2y=1 \end{cases}$ (2) $\begin{cases} 3x+2y-z=-15 \\ 5x+3y+2z=0 \\ 3x+y+3z=11 \end{cases}$ (3) $\begin{cases} x+y+z=7 \\ x-y+2z=9 \\ 2x+y-z=1 \end{cases}$

7. 다음 동차 연립일차방정식의 해를 가우스-조르단 소거법으로 구하라.

$$\begin{cases} 2x+2y-z+4w=0 \\ -x-y+2z-3u+w=0 \\ x+y-2z-w=0 \\ z+u+w=0 \end{cases}$$

8. 계수행렬이 다음과 같이 주어진 동차 연립일차방정식의 해를 구하라.

(1) $\begin{bmatrix} 1 & 3 & 2 \\ 2 & 1 & 0 \\ 1 & 2 & 1 \end{bmatrix}$ (2) $\begin{bmatrix} 2 & 3 & 6 & 1 \\ 1 & 4 & 2 & 2 \\ 4 & 11 & 10 & 5 \\ 1 & 0 & 1 & 1 \end{bmatrix}$

9. 다음 동차 연립일차방정식이 자명하지 않는 해를 갖기 위한 c의 값을 결정하라.

$$\begin{cases} (c-3)x+y=0 \\ x+(c-3)y=0 \end{cases}$$

제6장

정방행렬의 선형변환

1. 정방행렬의 선형변환

2. 선형변환의 변화량

정방행렬의 선형변환

선형변환은 일반적으로 입력값의 개수와 출력값의 개수가 같지 않다. 그러나, 이 개수들이 같은 경우의 선형변환은 정방행렬로 표현된다. 이 경우에 입·출력값들은 기하학적 의미로서 같은 공간에 있는 점들을 의미한다. 즉, 이 선형변환은 공간에 있는 점들이 선형구조를 유지하는 하나의 변환을 의미한다. 선형변환은 일정한 형태의 변화구조를 갖고 있기 때문에 변화하는 정도를 기하학적인 의미의 양으로 표현할 수 있다. 즉, 기하학적 의미로서의 선분(영역, 입체)의 길이(넓이, 부피)가 늘어나는 양으로 선형변환의 특성을 나타낸다. 따라서, 본 내용에서는 정방행렬의 선형변환에 관한 기하학적 구조와 변화량에 관하여 살펴보기로 한다.

1. 정방행렬의 선형변환

1.1. 1차 정방행렬의 선형변환

1) 확대(축소) 변환

고정점 0 을 중심으로 직선의 각 점에 대하여 위치벡터를 a 배 늘린 점으로의 변환 L 은 선형변환으로서 a 에 의한 1차원 확대(축소)변환이라 한다. 이 선형변환은 기본단위벡터 $e=[1]$ 를 $L(e)=[a]$ 로 변환시키므로 다음과 같은 구성도를 가지며 표현행렬은 $[a]$ 이다.

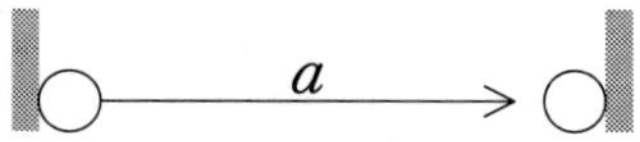

- 행렬표현 : $L([x])=[a][x]$
- 함수표현 : $L(x)=ax$
- 기하학적 표현 :

(1) $a>0$ 인 경우:

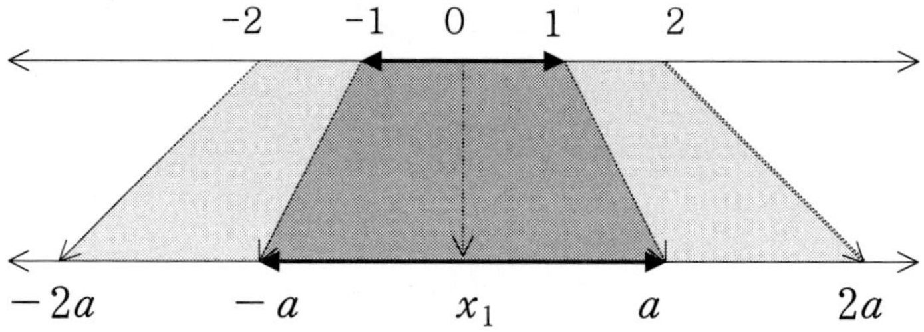

(2) $a<0$ 인 경우:

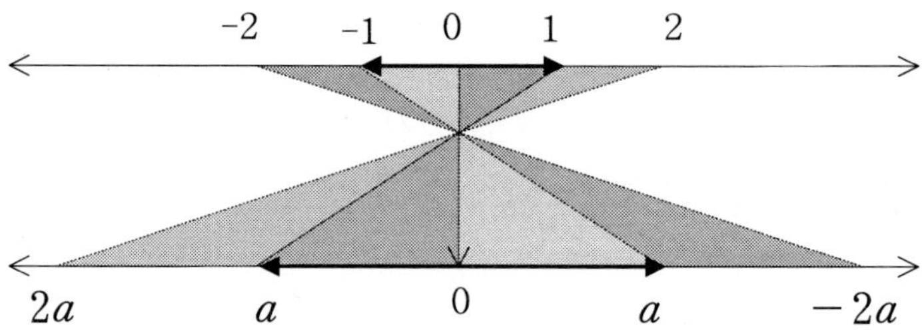

♣**주의:** ① $a=0$ 인 경우는 $L([x])=[0][x]=[0]$ 이므로 직선의 모든 점을 원점으로 보낸다. 이러한 선형변환을 영 변환이라 한다.

② $a=1$ 인 경우는 $L([x])=[1][x]=[x]$ 이므로 변화가 전혀 일어나지 않는다. 이러한 선형변환을 항등변환이라 한다.

③ $a=-1$ 인 경우는 고정점 0 을 중심으로 직선의 각 점을 대칭시키는 변환이므로 대칭변환이라 한다.

1.2. 2차 정방행렬의 선형변환

1) 확대(축소) 변환

이 변환은 평면상의 점들의 각 좌표가 확대 또는 축소변환인 선형변환으로 2차원 확대(축소)변환이라 하며, 기본단위벡터 e_1, e_2에 대한 변환은 다음과 같은 모양이다.

$$L(e_1) = ae_1 = [a, 0]$$

$$L(e_2) = be_2 = [0, b]$$

따라서 다음과 같은 구성도를 갖는 확대(축소)변환의 행렬은 $\begin{bmatrix} a & 0 \\ 0 & b \end{bmatrix}$ 이다.

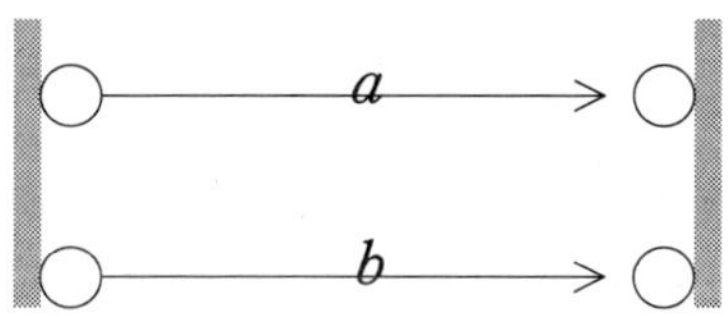

- 행렬표현 $L\left(\begin{bmatrix} x \\ y \end{bmatrix}\right) = \begin{bmatrix} a & 0 \\ 0 & b \end{bmatrix}\begin{bmatrix} x \\ y \end{bmatrix}$
- 함수표현 $L(x, y) = (ax, by)$
- 기하학적 표현 $(a = \pm 2, b = \pm 1)$:

변환이전의 그림

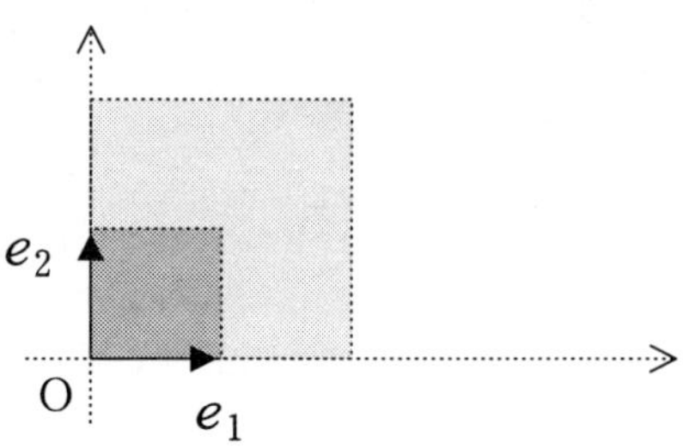

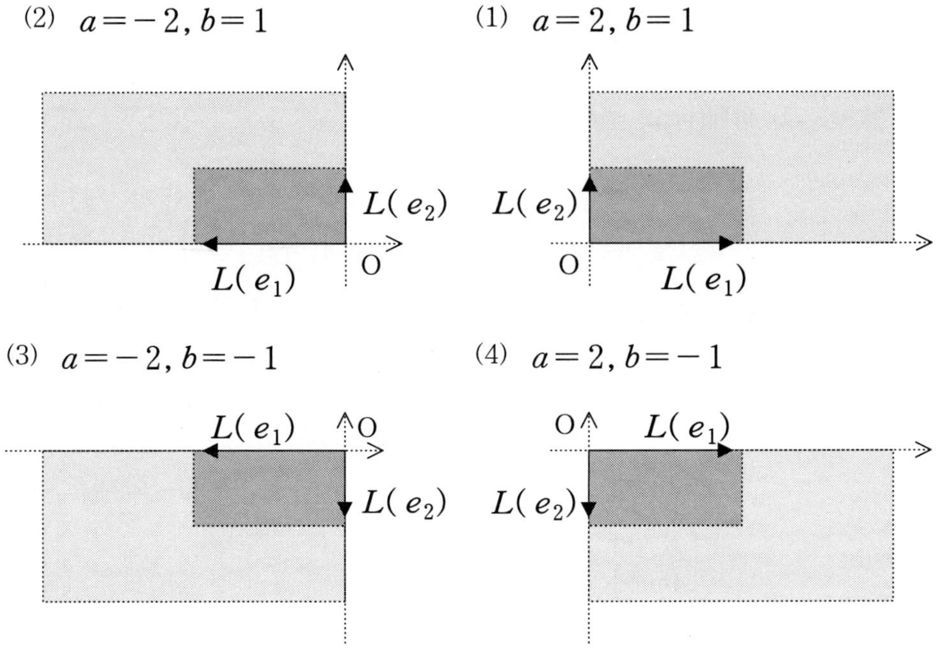

♣주의: $a=b=1$ 이면 평면상의 점들의 변화가 일어나지 않는 선형변환으로서 2차원 항등변환이라 한다.

2) 대칭변환

(1) 확대변환에서 $a=1, b=-1$ ($a=-1, b=1$) 이면 평면상의 각 점을 x 축(y 축)에 대칭시키는 변환이다.

(2) 평면의 각 점을 직선 $y=x$ 에 대칭시키는 변환은 기본단위벡터 e_1, e_2 의 변환이

$$L(e_1)=e_2=[0,1],\ L(e_2)=e_1=[1,0]$$

이므로 다음과 같은 구성도를 가지며 이 선형변환의 행렬은 $\begin{bmatrix} 0 & 1 \\ 1 & 0 \end{bmatrix}$ 이다.

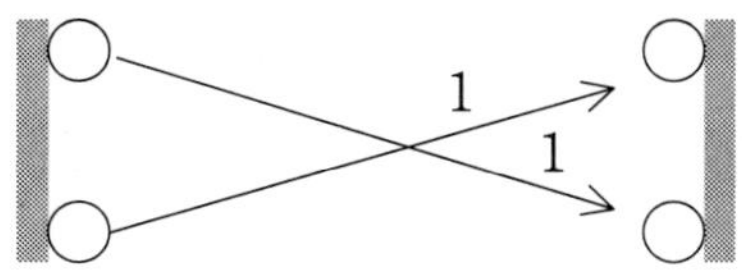

- 행렬표현 : $L\left(\begin{bmatrix} x \\ y \end{bmatrix}\right) = \begin{bmatrix} 0 & 1 \\ 1 & 0 \end{bmatrix} \begin{bmatrix} x \\ y \end{bmatrix}$
- 함수표현 : $L(x, y) = (y, x)$
- 기하학적 표현 :

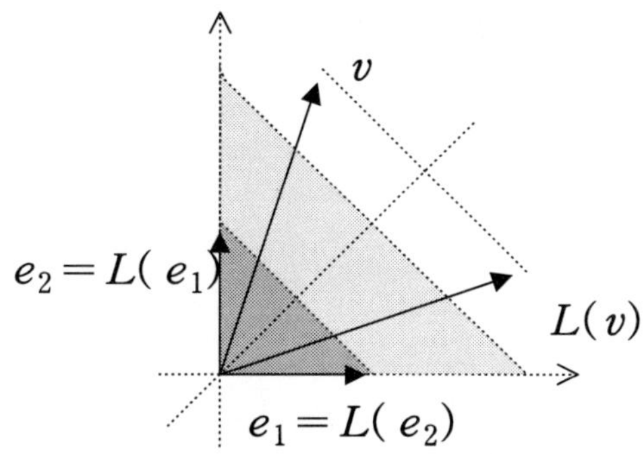

3) 회전변환

원점을 중심으로 각 점을 시계 반대방향으로 Θ 만큼 회전시키는 선형변환으로, 기본단위벡터 e_1, e_2의 변환은 아래의 그림에서 보는 것처럼 다음과 같다.

$$L(e_1) = [\cos\Theta, \sin\Theta]$$
$$L(e_2) = [-\sin\Theta, \cos\Theta]$$

따라서, 이 선형변환은 다음과 같은 구성도를 가지며, 행렬은 $\begin{bmatrix} \cos\Theta & -\sin\Theta \\ \sin\Theta & \cos\Theta \end{bmatrix}$ 이다.

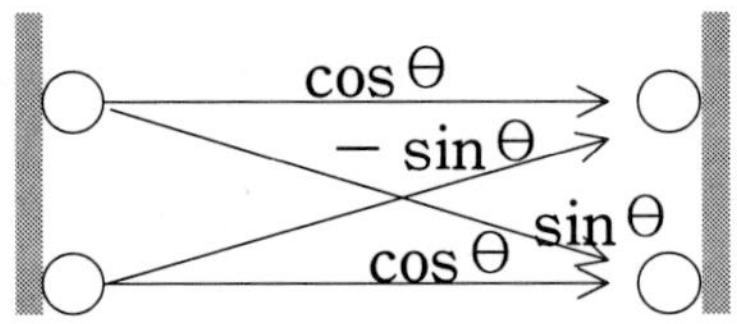

- 행렬표현 : $L\left(\begin{bmatrix} x \\ y \end{bmatrix}\right) = \begin{bmatrix} \cos\Theta & -\sin\Theta \\ \sin\Theta & \cos\Theta \end{bmatrix} \begin{bmatrix} x \\ y \end{bmatrix}$
- 함수표현 : $L(x, y) = (x\cos\Theta - y\sin\Theta, x\sin\Theta + y\cos\Theta)$
- 기하학적 표현 :

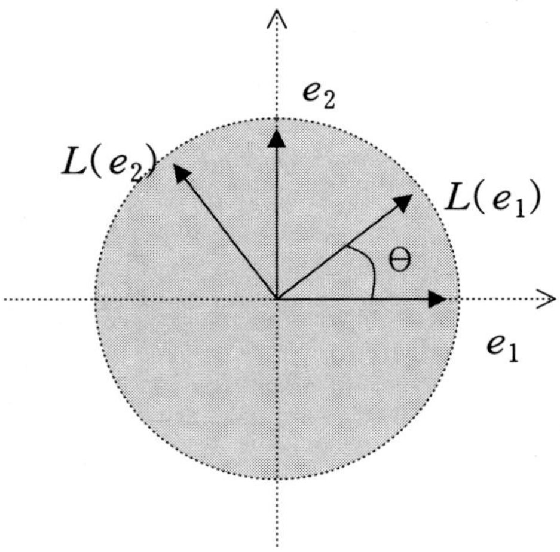

1.3. 3차 정방행렬의 선형변환

1) 확대(축소) 변환

이 변환은 공간상의 점들의 각 좌표가 확대 또는 축소변환인 선형변환으로, 기본단위벡터 e_1, e_2, e_3에 대한 변환은 다음과 같은 모양이다.

$$\begin{aligned} L(e_1) &= a\,e_1 = [a, 0, 0] \\ L(e_2) &= b\,e_2 = [0, b, 0] \\ L(e_3) &= c\,e_3 = [0, 0, c] \end{aligned}$$

따라서 다음과 같은 구성도를 갖는 이 선형변환의 행렬은 $\begin{bmatrix} a & 0 & 0 \\ 0 & b & 0 \\ 0 & 0 & c \end{bmatrix}$ 이다.

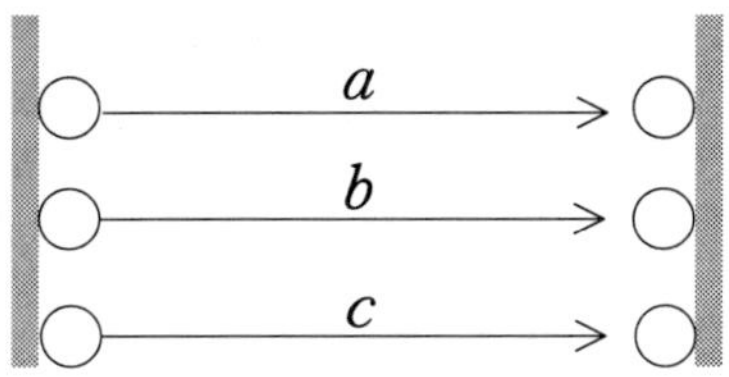

- 행렬표현 : $L\left(\begin{bmatrix} x \\ y \\ z \end{bmatrix}\right) = \begin{bmatrix} a & 0 & 0 \\ 0 & b & 0 \\ 0 & 0 & c \end{bmatrix} \begin{bmatrix} x \\ y \\ z \end{bmatrix}$
- 함수표현 : $L(x, y, z) = (ax, by, cz)$

♣주의 : $a = b = c = 1$ 이면 공간의 점들의 변화가 일어나지 않는 선형변환으로서 3차원 항등변환이라 한다.

2) 대칭변환

(1) xy, yz, zx 평면에 대칭

공간의 각 점을 xy 평면에 대칭시키는 변환으로, 기본단위벡터 e_1, e_2, e_3 의 변환은

$$\begin{aligned} L(e_1) &= e_1 = [1, 0, 0] \\ L(e_2) &= e_2 = [0, 1, 0] \\ L(e_3) &= -\,e_3 = [0, 0, -1] \end{aligned}$$

이므로 다음과 같은 구성도를 갖는 이 선형변환의 행렬은 $\begin{bmatrix} 1 & 0 & 0 \\ 0 & 1 & 0 \\ 0 & 0 & -1 \end{bmatrix}$ 이다.

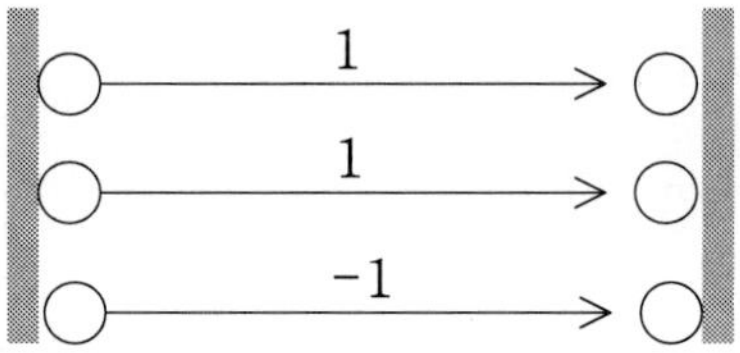

같은 방법으로 yz평면에 대칭인 변환의 행렬은 $\begin{bmatrix} -1 & 0 & 0 \\ 0 & 1 & 0 \\ 0 & 0 & 1 \end{bmatrix}$,

xz평면에 대칭인 변환의 행렬은 $\begin{bmatrix} 1 & 0 & 0 \\ 0 & -1 & 0 \\ 0 & 0 & 1 \end{bmatrix}$ 이다.

(2) 공간의 각 점을 평면 $y=x$에 대칭시키는 변환으로, 기본 단위벡터 e_1, e_2, e_3의 변환은

$$\begin{aligned} L(e_1) &= e_2 = [0,1,0] \\ L(e_2) &= e_1 = [1,0,0] \\ L(e_3) &= e_3 = [0,0,1] \end{aligned}$$

이므로 다음과 같은 구성도를 갖는 이 선형변환의 행렬은 $\begin{bmatrix} 0 & 1 & 0 \\ 1 & 0 & 0 \\ 0 & 0 & 1 \end{bmatrix}$ 이다.

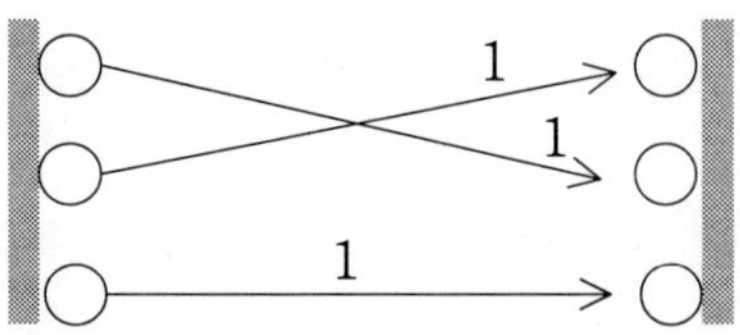

- 행렬표현 : $L\left(\begin{bmatrix} x \\ y \\ z \end{bmatrix}\right) = \begin{bmatrix} 0 & 1 & 0 \\ 1 & 0 & 0 \\ 0 & 0 & 1 \end{bmatrix} \begin{bmatrix} x \\ y \\ z \end{bmatrix}$
- 함수표현 : $L(x, y, z) = (y, x, z)$

같은 방법으로 $z = x$ 에 대칭시키는 변환의 행렬은 $\begin{bmatrix} 0 & 0 & 1 \\ 0 & 1 & 0 \\ 1 & 0 & 0 \end{bmatrix}$,

$y = z$ 평면에 대칭인 변환의 행렬은 $\begin{bmatrix} 1 & 0 & 0 \\ 0 & 0 & 1 \\ 0 & 1 & 0 \end{bmatrix}$ 이다.

3) 회전변환

공간의 각 점을 z 축을 회전축으로 하여 시계 반대방향으로 Θ 만큼 회전시키는 선형변환으로, 기본단위벡터 e_1, e_2, e_3 의 변환은

$$\begin{aligned} L(e_1) &= [\cos\Theta, \sin\Theta, 0] \\ L(e_2) &= [-\sin\Theta, \cos\Theta, 0] \\ L(e_3) &= e_3 = [0, 0, 1] \end{aligned}$$

이므로 다음과 같은 구성도를 갖는 이 선형변환의 행렬은

$\begin{bmatrix} \cos\Theta & -\sin\Theta & 0 \\ \sin\Theta & \cos\Theta & 0 \\ 0 & 0 & 1 \end{bmatrix}$ 이다.

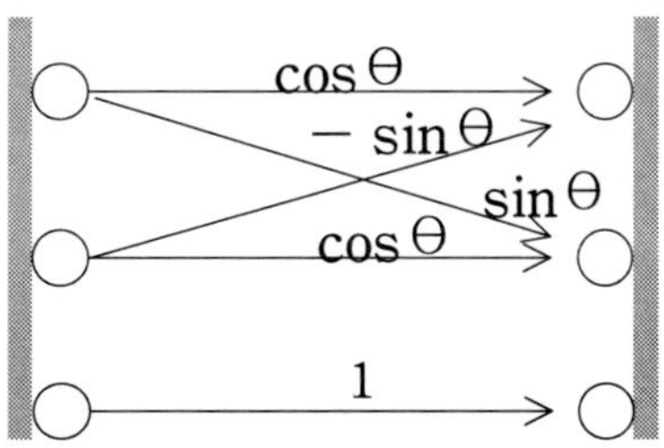

- 행렬표현 : $L\left(\begin{bmatrix} x \\ y \\ z \end{bmatrix}\right) = \begin{bmatrix} \cos\Theta & -\sin\Theta & 0 \\ \sin\Theta & \cos\Theta & 0 \\ 0 & 0 & 1 \end{bmatrix} \begin{bmatrix} x \\ y \\ z \end{bmatrix}$
- 함수표현 :

$$L(x, y, z) = (x\cos\Theta - y\sin\Theta,\ x\sin\Theta + y\cos\Theta,\ z)$$

같은 방법으로 x축을 회전축으로 하여 시계 반대방향으로 Θ 만큼 회전시키는 선형변환의 행렬은 $\begin{bmatrix} 1 & 0 & 0 \\ 0 & \cos\Theta & -\sin\Theta \\ 0 & \sin\Theta & \cos\Theta \end{bmatrix}$, y축을 회전축으로 하여 시계 반대방향으로 Θ만큼 회전시키는 선형변환의 행렬은 $\begin{bmatrix} \cos\Theta & 0 & -\sin\Theta \\ 0 & 1 & 0 \\ \sin\Theta & 0 & \cos\Theta \end{bmatrix}$ 이다.

2. 선형변환의 변화량

$n \times n$ 정방행렬을 표현행렬로 하는 선형변환의 입·출력값들은 기하학적 의미로서 공간 R^n에 있는 점들을 의미한다. 따라서, 선형변환은 입력값에 대응하는 공간 R^n의 점이 출력값에 대응하는 점으로 선형구조를 유지하면서 변환하는 기하학적 의미를 갖는다. 이러한 변환에서는 두 가지 중요한 특성을 생각해 볼 수 있다.

(1) 방향성의 변화
(2) 길이(넓이, 또는 부피)의 변화

이 두 가지를 동시에 계산할 수 있는 도구가 바로 행렬식이다. 행렬식은 선형변환의 행렬이 정방행렬인 경우에 정의된다. 따라서, 임의의 정방행렬에 대하여 행렬식을 정의할 수 있다.

2.1. 방향성

1차 선형변환의 방향성

(1) 1차 선형변환 $L(x) = ax$에서 a가 양수이면 출력의 방향성이 입력의 방향성을 유지하므로 '양의 방향성', a가 음수이면 방향성이 반대이므로 '음의 방향성' 이라고 한다.

2차 선형변환의 방향성

(2) 2차 선형변환에서는 기본단위벡터 e_1, e_2의 변환벡터인 $L(e_1), L(e_2)$가 다음의 그림처럼 두 가지 경우로 나타난다. 첫 번째의 경우를 '양의 방향성', 두 번째의 경우를 '음의 방향성' 이라고 한다.

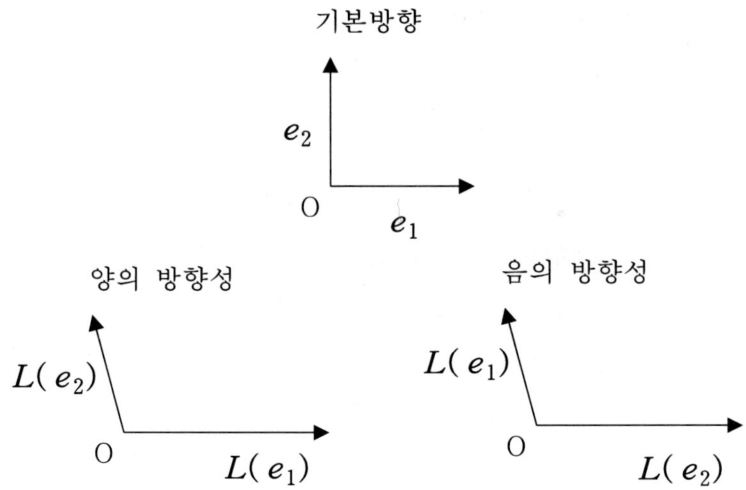

3차 선형 변환의 방향성

(3) 3차 선형변환에서는 기본단위벡터 e_1, e_2, e_3의 변환벡터 $L(e_1), L(e_2), L(e_3)$가 다음의 그림처럼 두 가지 경우로 나타난다. 첫 번째의 경우를 '양의 방향성', 두 번째를 '음의 방향성'이라고 한다.

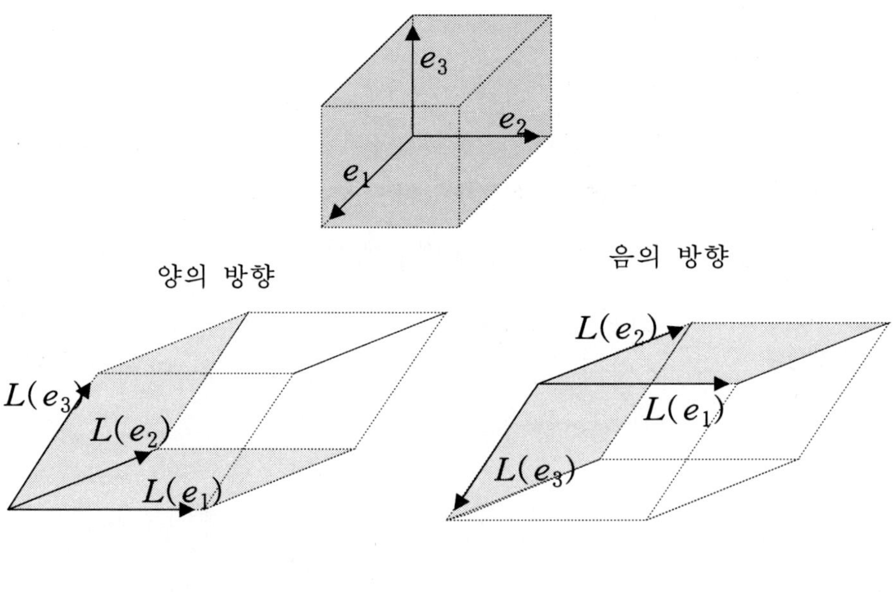

2.2. 길이(넓이, 또는 부피)의 변화

선형변환은 선형구조를 유지하면서 일정한 형태로 변환하므로, 위치에 관계없이 변환의 차원에 따라 길이, 넓이, 또는 부피가 일정하게 늘어나는 특성을 갖고 있다. 3차원 선형변환 L의 예를 들면, 기본단위벡터 e_1, e_2, e_3에 의하여 생성되는 단위부피의 정육면체는 $L(e_1), L(e_2), L(e_3)$에 의하여 생성되는 부피 $|L(e_1)\times L(e_2)\cdot L(e_3)|$의 평행육면체로 변환한다. 따라서, 이 선형변환은 부피의 변화가 $|L(e_1)\times L(e_2)\cdot L(e_3)|$ 배이다.

2.3. 1차 선형변환의 변화량

1) 확대(축소) 변환

고정점 0을 중심으로 직선의 각 점에 대하여 위치벡터를 a배 늘린 점으로의 선형변환 $L([x])=[a][x]$은 a의 부호에 따라 방향성을 갖는다. 따라서, 방향성과 길이변화는 다음과 같다.

- 방향성 : a가 양수이면 양의 방향, 음수이면 음의 방향
- 길이변화 : $|a|$ 배

♣**주의:** ① $a=0$인 경우, $L([x])=[0][x]=[0]$이므로 직선의 모든 점을 원점으로 보낸다. 따라서, 방향성은 의미가 없다. 즉, 어느 방향을 선택하여도 관계없다. 그리고 길이변화는 0배라 할 수 있다.
② $a=1$인 경우, $L([x])=[1][x]=[x]$이므로 변화가 전혀 일어나지 않는다. 따라서, 이 변환은 양의 방향성이며, 길이변화는 없다.
③ $a=-1$인 경우, 고정점 0을 중심으로 직선의 각 점을 대칭시키는 변환이므로 음의 방향성을 가지며, 길이변화는 없다.

2.4. 2차 선형변환의 변화량

1) 확대(축소) 변환

행렬표현 $L\left(\begin{bmatrix} x \\ y \end{bmatrix}\right)=\begin{bmatrix} a & 0 \\ 0 & b \end{bmatrix}\begin{bmatrix} x \\ y \end{bmatrix}$ 을 갖는 이 변환은 평면상의 점들의 좌표가 각각 a, b 배로 늘어나는 변환이다. 따라서, a, b 의 부호에 따라 다음과 같은 방향성과 넓이변화를 갖는다.

- 방향성 : a, b 가 같은 부호이면 양의 방향, 반대부호이면 음의 방향
- 넓이변화 : $|ab|$ 배

특히, $a=b=1$ 이면 평면상의 점들의 변화가 일어나지 않는 선형변환으로서 양의 방향성을 가지며 넓이가 1 배로 변환한다.

2) 대칭변환

(1) 확대변환에서 $a=1, b=-1$ ($a=-1, b=1$) 인 경우, 평면상의 각 점을 x 축(y 축)에 대칭시키는 이 변환은 기본단위벡터 e_1, e_2 가 각각 $e_1, -e_2(-e_1, e_2)$ 으로 변환한다. 따라서, 다음과 같은 방향성과 넓이변화를 갖는다.

- 방향성 : 음의 방향
- 넓이변화 : 1 배

(2) 행렬표현 $L\left(\begin{bmatrix} x \\ y \end{bmatrix}\right)=\begin{bmatrix} 0 & 1 \\ 1 & 0 \end{bmatrix}\begin{bmatrix} x \\ y \end{bmatrix}$ 을 갖는 이 변환은 평면의 각 점을 직선 $y=x$ 에 대칭시키는 변환으로서, 기본단위벡터 e_1, e_2 가 각각 e_2, e_1 으로 변환한다. 따라서, 다음과 같은 방향성과 넓이변화를 갖는다.

- 방향성 : 음의 방향
- 넓이변화 : 1 배

y 축에 대한 대칭변환의 경우도 같은 방향성과 넓이변화를 갖는다.

3) 회전변환

행렬표현 $L\left(\begin{bmatrix} x \\ y \end{bmatrix}\right)=\begin{bmatrix} \cos\Theta & -\sin\Theta \\ \sin\Theta & \cos\Theta \end{bmatrix}\begin{bmatrix} x \\ y \end{bmatrix}$ 을 갖는 이 변환은 원점을 중심으로 각 점을 시계 반대방향으로 Θ 만큼 회전시키는 변환으로서, 기본단위벡터 e_1, e_2 또한 회전변환을 한다. 따라서, 다음과 같은 방향성과 넓이변화를 갖는다.

- 방향성 : 양의 방향
- 넓이변화 : 1 배

2.5. 3차 선형변환의 변화량

1) 확대(축소) 변환

행렬표현 $L\left(\begin{bmatrix} x \\ y \\ z \end{bmatrix}\right)=\begin{bmatrix} a & 0 & 0 \\ 0 & b & 0 \\ 0 & 0 & c \end{bmatrix}\begin{bmatrix} x \\ y \\ z \end{bmatrix}$ 을 갖는 이 변환은 점의 좌표가 각각 a, b, c 배로 늘어나는 변환이다. 따라서, a, b, c 의 부호에 따라 다음과 같은 방향성과 부피변화를 갖는다.

- 방향성 : abc 가 양수(음수)이면 양(음)의 방향
- 부피변화 : $|abc|$ 배

특히, $a=b=c=1$ 이면 공간상의 점들의 변화가 일어나지 않는 항등변환으로서 양의 방향성을 가지며 부피변화는 없다.

2) 대칭변환

(1) 행렬표현 $L\left(\begin{bmatrix} x \\ y \\ z \end{bmatrix}\right) = \begin{bmatrix} 1 & 0 & 0 \\ 0 & 1 & 0 \\ 0 & 0 & -1 \end{bmatrix} \begin{bmatrix} x \\ y \\ z \end{bmatrix}$ 을 갖는 이 변환은 공간상의 각 점을 xy 평면에 대칭시키는 변환으로서, 기본단위벡터 e_1, e_2, e_3 은 $e_1, e_2, -e_3$ 으로 변환한다. 따라서, 다음과 같은 방향성과 부피변화를 갖는다.

- 방향성 : 음의 방향
- 부피변화 : 1 배

같은 방법으로 yz 평면, xz 평면에 대칭인 변환들도 같은 방향성과 부피변화를 갖는다.

(2) 행렬표현 $L\left(\begin{bmatrix} x \\ y \\ z \end{bmatrix}\right) = \begin{bmatrix} 0 & 1 & 0 \\ 1 & 0 & 0 \\ 0 & 0 & 1 \end{bmatrix} \begin{bmatrix} x \\ y \\ z \end{bmatrix}$ 을 갖는 이 변환은 공간상의 각 점을 평면 $y=x$ 에 대칭시키는 변환으로서, 기본단위벡터 e_1, e_2, e_3 은 e_2, e_1, e_3 로 변환한다. 따라서, 다음과 같은 방향성과 부피변화를 갖는다.

- 방향성 : 음의 방향
- 부피변화 : 1 배

같은 방법으로 공간의 각 점을 평면 $z=x$ 또는 $y=z$에 대칭시키는 변환들도 같은 방향성과 부피변화를 갖는다.

3) 회전변환

행렬표현 $L\left(\begin{bmatrix} x \\ y \\ z \end{bmatrix}\right) = \begin{bmatrix} \cos\Theta & -\sin\Theta & 0 \\ \sin\Theta & \cos\Theta & 0 \\ 0 & 0 & 1 \end{bmatrix} \begin{bmatrix} x \\ y \\ z \end{bmatrix}$ 을 갖는 이 변환은 공간상의 각 점을 z 축을 회전축으로 시계 반대방향으로 Θ

만큼 회전시키는 변환으로서, 기본단위벡터 e_1, e_2, e_3 가운데 e_1, e_2가 xy 평면에서 회전변환을 한다. 따라서, 다음과 같은 방향성과 부피변화를 갖는다.

- 방향성 : 양의 방향
- 부피변화 : 1 배

같은 방법으로 공간의 각 점을 x축 또는 y축을 회전축으로 시계 반대방향으로 Θ 만큼 회전시키는 변환들도 같은 방향성과 부피변화를 갖는다.

연습문제 6장

1. 평면의 각 점을 직선 $y=-x$에 대칭시키는 선형변환의 구성도와 행렬표현, 함수표현을 구하라.

2. 평면의 각 점을 원점에 대칭시키는 선형변환의 구성도와 행렬표현, 함수표현을 구하라.

3. 평면의 각 점을 x, y좌표가 각각 2배, -2배 늘린 점으로 변환시키는 선형변환의 구성도와 기하학적 표현, 행렬표현, 함수표현을 구하라.

4. 공간의 각 점을 평면 $y=-x$에 대칭시키는 선형변환의 구성도와 행렬표현, 함수표현을 구하라.

5. 공간의 각 점을 원점에 대칭시키는 선형변환의 구성도와 행렬표현, 함수표현을 구하라.

6. 평면의 각 점을 직선 $y=-x$에 대칭시킨 후 원점에 대칭시키는 선형변환의 구성도와 행렬표현, 함수표현을 구하라.

7. 공간의 각 점을 원점에 대칭시킨 후 평면 $y=-x$에 대칭시키는 선형변환의 구성도와 행렬표현, 함수표현을 구하라.

8. 평면의 각 점을 시계 반대방향으로 Θ만큼 회전시킨 후 원점에 대칭시키는 선형변환의 구성도와 행렬표현, 함수표현을 구하라.

9. 공간의 각 점을 z축을 회전축으로 하여 시계 반대방향으로 Θ만큼 회전시킨 후 원점에 대칭시키는 선형변환의 구성도와 행렬표현, 함수표현을 구하라.

10. 다음 2차 선형변환 L의 방향성을 결정하라.

(1) $L(x, y)=(x+y, x-y)$ (2) $L(x, y)=(2x-y, x+2y)$

11. 다음 3차 선형변환 L의 방향성을 결정하라.

(1) $L(x, y, z)=(x+y+2z, x-y+z, z)$

(2) $L(x, y, z)=(x+y+z, x-y-2z, -3z)$

(3) $L(x, y, z)=(3x+y+2z, 3x+2y+z, x+2y+3z)$

(4) $L(x, y, z)=(2x+y+2z, 2y+z, 3x+2y+3z)$

12. 평면의 각 점을 직선 $y=-x$에 대칭시키는 선형변환의 방향성과 넓이변화를 결정하라.

13. 평면의 각 점을 원점에 대칭시키는 선형변환의 방향성과 넓이변화를 결정하라.

14. 다음 2차 선형변환 L의 방향성과 넓이변화를 결정하라.

(1) $L(x, y)=(-x+y, -x-y)$ (2) $L(x, y)=(x+2y, x-3y)$

15. 공간의 각 점을 평면 $y=-x$에 대칭시키는 선형변환의 방향성과 부피변화를 결정하라.

16. 공간의 각 점을 원점에 대칭시키는 선형변환의 방향성과 부피변화를 결정하라.

17. 다음 3차 선형변환 L의 방향성과 부피변화를 결정하라.

(1) $L(x, y, z)=(x+2y+3z, x-2y-2z, -z)$

(2) $L(x, y, z)=(2y+z, 3x+2y+3z, 2x+y+2z)$

제7장

행렬식

행렬식

선형변환은 입력값 각각의 상수곱에 의해 출력값이 결정되는 특성을 갖고 있다. 즉, 선형변환은 일정한 형태의 변화구조를 갖고 있기 때문에 변화하는 정도를 기하학적인 의미의 양으로 표현할 수 있다. 즉, 기하학적 의미로서의 선분(영역, 입체)의 길이(넓이, 부피)가 늘어나는 양으로 선형변환의 특성을 나타낸다. 3차 이하의 선형변환의 행렬을 이용하여 이 양을 계산하는 방법을 찾아본다. 이렇게 계산된 값을 행렬식이라 하는데, 이 방법을 일반화하여 모든 차수의 행렬식을 정의한다.

1. 행렬식

선형변환의 특성은 위치에 관계없이 일정한 형태로 변화하는 것이다. 따라서 변화하는 정도와 방향성을 하나의 양으로 표현할 수 있다. 즉, 변환에 의한 방향성과 선분(영역, 입체)의 길이(넓이, 부피)가 늘어나는 양을 특정한 선형변환들에 대하여 앞에서 살펴보았다. 이를 바탕으로 주어진 선형변환에 대하여 방향성과 길이, 넓이 또는 부피의 변화량을 나타내는 하나의 수로서 행렬식을 정의한다. 이 방법을 일반화하여 모든 차수의 정방행렬에 대한 행렬식을 정의할 수 있다.

n차 선형변환은 n차 정방행렬과 일대일대응이므로, 선형변환의 변화량을 대응하는 정방행렬에서 계산하는 방법을 유도한다.

1.1. 행렬식의 의미

임의의 정방행렬에 대한 행렬식을 정의하기 위해 먼저 3차 이하의 정방행렬에 대한 행렬식의 의미를 바탕으로 다음과 같이 정의한다.

정의 1

선형변환의 행렬식

3차 이하의 정방행렬 $A=[a_{ij}]$를 표현행렬로 하는 선형변환 L의 길이, 넓이 또는 부피변화가 $a(\geq 0)$배 일 때 변환의 방향성에 따라 $|A|$를 다음과 같이 정의하고, 이것을 선형변환 L의 행렬식(Determinant) 또는 표현행렬 A의 행렬식이라 한다.

$$|A|:=\begin{cases} 0 & : \quad a=0 \\ a & : \ \text{양의 방향성} \\ -a & : \ \text{음의 방향성} \end{cases}$$

행렬의 성분에 의한 행렬식의 표기는 [ ]를 생략한다. 예를 들면 행렬 $\begin{bmatrix} 1 & 2 \\ 3 & 4 \end{bmatrix}$의 행렬식을 $\begin{vmatrix} 1 & 2 \\ 3 & 4 \end{vmatrix}$로 나타낸다.

2, 3, 4절에서 언급한 대표적인 3차 이하의 선형변환의 변화량을 행렬식의 정의에 적용해 보면 다음의 예와 같다.

예 1 행렬 $[a]$을 갖는 1차원 확대(축소)변환은 a가 양수이면 양의 방향, 음수이면 음의 방향성을 가지며, 길이의 변화가 a의 절대값인 $|a|$배이므로 행렬식은

$$|a|=a$$

예 2 (1) 행렬 $\begin{bmatrix} a & 0 \\ 0 & b \end{bmatrix}$ 을 갖는 2차원 확대(축소)변환은 a, b가 같은 부호이면 양의 방향, 반대부호이면 음의 방향성을 가지며, 넓이의 변화가 $|ab|$ 배이므로 행렬식은

$$\begin{vmatrix} a & 0 \\ 0 & b \end{vmatrix} = ab$$

(2) 행렬 $\begin{bmatrix} 0 & 1 \\ 1 & 0 \end{bmatrix}$ 은 평면의 각 점을 직선 $y=x$에 대칭시키는 변환으로서, 음의 방향성을 가지며, 넓이의 변화가 없다. 따라서 행렬식은

$$\begin{vmatrix} 0 & 1 \\ 1 & 0 \end{vmatrix} = -1$$

(3) 행렬 $\begin{bmatrix} \cos\Theta & -\sin\Theta \\ \sin\Theta & \cos\Theta \end{bmatrix}$ 을 갖는 2차원 회전변환은 양의 방향성을 가지며, 넓이의 변화가 없으므로 행렬식은

$$\begin{vmatrix} \cos\Theta & -\sin\Theta \\ \sin\Theta & \cos\Theta \end{vmatrix} = 1$$

예 3 (1) 행렬 $\begin{bmatrix} a & 0 & 0 \\ 0 & b & 0 \\ 0 & 0 & c \end{bmatrix}$ 을 갖는 3차원 확대(축소)변환은 abc가 양수이면 양의방향, 음수이면 음의 방향성을 가지며, 넓이의 변화는 $|abc|$ 배이므로 행렬식은

$$\begin{vmatrix} a & 0 & 0 \\ 0 & b & 0 \\ 0 & 0 & c \end{vmatrix} = abc$$

(2) 행렬 $\begin{bmatrix} 0 & 1 & 0 \\ 1 & 0 & 0 \\ 0 & 0 & 1 \end{bmatrix}$ 은 공간의 각 점을 평면 $y=x$에 대칭변환으로, 음의 방향성을 가지며, 넓이의 변화가 없으므로 행렬식은

$$\begin{vmatrix} 0 & 1 & 0 \\ 1 & 0 & 0 \\ 0 & 0 & 1 \end{vmatrix} = -1$$

(3) 행렬 $\begin{bmatrix} \cos\Theta & -\sin\Theta & 0 \\ \sin\Theta & \cos\Theta & 0 \\ 0 & 0 & 1 \end{bmatrix}$ 은 공간의 각 점을 z축을 회전축으로 시계 반대방향으로 Θ만큼 회전시키는 선형변환으로서 양의 방향성을 가지며, 넓이의 변화가 없으므로 행렬식은

$$\begin{vmatrix} \cos\Theta & -\sin\Theta & 0 \\ \sin\Theta & \cos\Theta & 0 \\ 0 & 0 & 1 \end{vmatrix} = 1$$

이와 같이 대표적인 선형변환의 표현행렬에 대한 행렬식의 개념을 바탕으로 임의의 정방행렬을 갖는 선형변환의 행렬식을 계산하는 방법을 생각해 보기로 하자.

1.2. 1차행렬의 행렬식

임의의 1차 선형변환 $L: R \to R$ 의 표현행렬을 $[a]$라 하면 변환의 표현은 다음과 같다.

- 행렬표현 : $L([x]) = [a][x]$
- 함수표현 $L(x) = ax$

a가 양수이면 이 선형변환은 길이가 a배로 늘어나는 변환이고, a가 음수이면 반대방향으로 $-a$배 늘어나는 변환임을 의미하므로 방향성을 고려한 a가 이 변환의 행렬 $[a]$의 행렬식으로서의 의미를 갖는다. 따라서 1차행렬의 행렬식은 다음과 같다.

정리 1

1차행렬의 행렬식

1차행렬 $A=[a]$ 의 행렬식 $|A|$ 은 a 이다. 즉,

$$|a| = a$$

예 4 선형변환 $L(x)=-2x$ 의 행렬은 $[-2]$ 이므로 행렬식은 -2 이다. 즉, 이 변환은 방향이 바뀌면서 길이가 2배로 늘어나는 변환을 의미한다.

1.3. 2차행렬의 행렬식

임의의 2차 선형변환 $L: R^2 \to R^2$ 은 다음과 같이 행렬 또는 함수에 의하여 표현된다.

- 행렬표현 : $L\left(\begin{bmatrix} x \\ y \end{bmatrix}\right)=\begin{bmatrix} a & b \\ c & d \end{bmatrix}\begin{bmatrix} x \\ y \end{bmatrix}$
- 함수표현 : $L(x, y)=(ax+by, cx+dy)$

이 변환은 기본단위벡터 e_1, e_2 에 의한 단위넓이의 정사각형을 벡터 $L(e_1)=[a, c]$, $L(e_2)=[b, d]$ 를 이웃 변으로 하는 평행사변형으로 변환시킨다. 변환된 두 벡터를 공간의 벡터 즉, $L(e_1)=[a, c, 0]$, $L(e_2)=[b, d, 0]$ 으로 보면 외적의 정의에 의하여 $L(e_1)\times L(e_2)=[0, 0, ad-bc]$ 이므로, 평행사변형의 넓이는 $\| a\times b\| = |ad-bc|$ 이다. 이 변환이 양의 방향성을 가지면 $ad-bc>0$, 음의 방향성을 가지면 $ad-bc<0$ 임을 다음의 그림에서 알 수 있다.

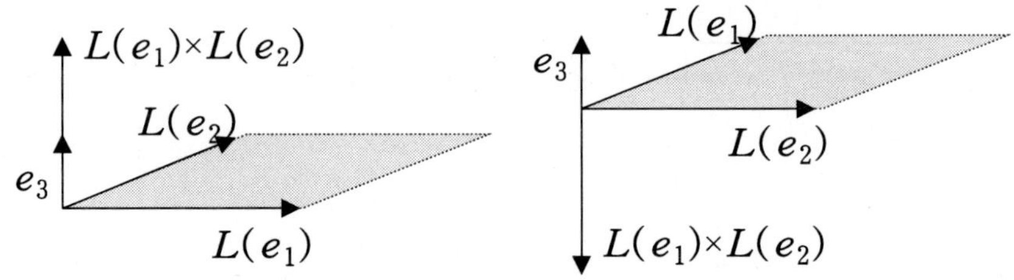

따라서 방향성을 고려한 넓이의 변화량, 즉 2차행렬의 행렬식은 다음과 같다.

정 리 2

2차행렬의 행렬식

2차행렬 $A=\begin{bmatrix} a & b \\ c & d \end{bmatrix}$ 의 행렬식 $|A|$ 은 $ad-bc$ 이다. 즉,

$$\begin{vmatrix} a & b \\ c & d \end{vmatrix} = ad-bc$$

예 5 (1) 2차 확대변환의 행렬 $\begin{bmatrix} a & 0 \\ 0 & b \end{bmatrix}$ 의 행렬식이 ab 임을 이 정리에서도 확인할 수 있다.

(2) 2차 회전변환의 행렬의 행렬식이 1임을 이 정리에 의하여 확인해 보면, $\begin{vmatrix} \cos\Theta & -\sin\Theta \\ \sin\Theta & \cos\Theta \end{vmatrix} = \cos^2\Theta + \sin^2\Theta = 1$ 이다.

(3) 함수표현이 $L(x, y)=(3x+y, x+2y)$ 인 2차 선형변환의 행렬식을 계산해 보자. 우선 이 변환을 행렬로 표현하면 다음과 같다.

$$L\left(\begin{bmatrix} x \\ y \end{bmatrix}\right)=\begin{bmatrix} 3 & 1 \\ 1 & 2 \end{bmatrix}\begin{bmatrix} x \\ y \end{bmatrix}$$

이 변환의 표현행렬이 $\begin{bmatrix} 3 & 1 \\ 1 & 2 \end{bmatrix}$ 이므로, 행렬식은 5 이다.

예 6 평면에서 넓이가 5인 영역 R이 다음의 함수 L로 변환된 영역 $L(R)$의 넓이를 구하라.

$$L(x, y) = (x + 4y, 3x + 2y)$$

풀이. 이 함수는 표현행렬이 $\begin{bmatrix} 1 & 4 \\ 3 & 2 \end{bmatrix}$ 인 선형변환이다. 이 행렬의 행렬식이 -10 이므로 변환된 영역의 넓이는 50 이다.

1.4. 3차행렬의 행렬식

임의의 3차 선형변환 $L: R^3 \to R^3$ 은 다음과 같이 행렬 또는 함수에 의한 변환식으로 표현된다.

- 행렬표현 : $L\left(\begin{bmatrix} x \\ y \\ z \end{bmatrix}\right) = \begin{bmatrix} a_1 & b_1 & c_1 \\ a_2 & b_2 & c_2 \\ a_3 & b_3 & c_3 \end{bmatrix} \begin{bmatrix} x \\ y \\ z \end{bmatrix}$
- 함수표현 :

$$L(x, y, z) = (a_1x + b_1y + c_1z,\ a_2x + b_2y + c_2z,\ a_3x + b_3y + c_3z)$$

이 변환은 기본단위벡터 e_1, e_2, e_3를 이웃 변으로 하는 단위부피의 정육면체를 벡터

$$\begin{aligned} a &= L(e_1) = [a_1, a_2, a_3] \\ b &= L(e_2) = [b_1, b_2, b_3] \\ c &= L(e_3) = [c_1, c_2, c_3] \end{aligned}$$

를 이웃 변으로 하는 평행육면체로 변환시킨다. 다음의 그림을 통하여, 이 변환이 양의 방향성을 가지면 $a \times b \cdot c > 0$, 음의 방향성을 가지면 $a \times b \cdot c < 0$ 임을 알 수 있다.

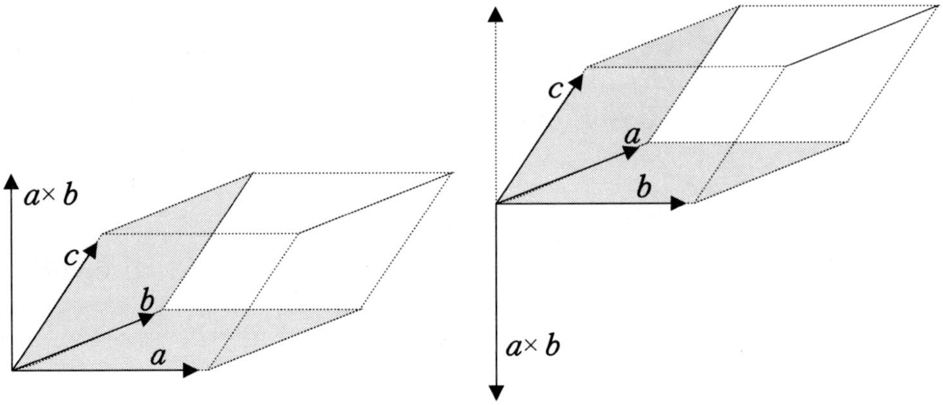

그리고, 이 평행육면체의 부피는 스칼라 3중적의 절대값 $|\, a \times b \cdot c \,|$ 이므로 방향성을 고려하면 3차행렬의 행렬식은 $a \times b \cdot c$ 이다. 즉,

$$a \times b \cdot c = (a_2 b_3 - a_3 b_2)c_1 + (a_3 b_1 - a_1 b_3)c_2 + (a_1 b_2 - a_2 b_1)c_3$$

이것을 정리하면 다음과 같다.

정 리 3

3차행렬의 행렬식

3차행렬 $A = \begin{bmatrix} a_1 & b_1 & c_1 \\ a_2 & b_2 & c_2 \\ a_3 & b_3 & c_3 \end{bmatrix}$ 의 행렬식 $|\, A \,|$ 은 다음과 같다.

$$\begin{aligned} |A| &= \begin{vmatrix} a_1 & b_1 & c_1 \\ a_2 & b_2 & c_2 \\ a_3 & b_3 & c_3 \end{vmatrix} \\ &= (a_2 b_3 - a_3 b_2)c_1 + (a_3 b_1 - a_1 b_3)c_2 + (a_1 b_2 - a_2 b_1)c_3 \end{aligned}$$

- **Sarrus 법칙**

2,3차 행렬에서 직접 계산할 수 있는 간편한 행렬식 계산법을 소개하기 위해 행렬식을 다음과 같이 재배열해 보자.

$$\begin{vmatrix} a_{11} & a_{12} \\ a_{21} & a_{22} \end{vmatrix} = a_{11}a_{22} - a_{12}a_{21}$$

$$\begin{vmatrix} a_{11} & a_{12} & a_{13} \\ a_{21} & a_{22} & a_{23} \\ a_{31} & a_{32} & a_{33} \end{vmatrix} = a_{11}a_{22}a_{33} + a_{12}a_{23}a_{31} + a_{13}a_{21}a_{32} - a_{13}a_{22}a_{31} - a_{11}a_{23}a_{32} - a_{12}a_{21}a_{33}$$

이 배열에 따라 2,3차 행렬의 행렬식의 값을 아래의 그림을 참조하여 기억하는 것이 편리하다.

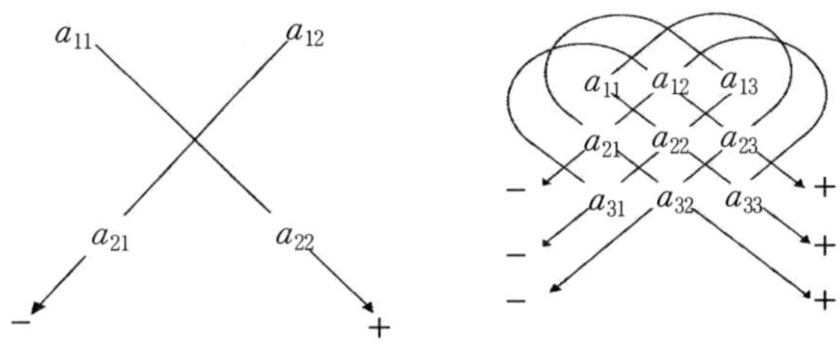

이와 같은 방법을 Sarrus 법칙이라고 하는데, 4차 이상의 행렬식의 값을 구하는 데는 적용할 수 없음에 유의해야 한다.

1.5. 소행렬식에 의한 행렬식의 정의

지금까지 행렬식의 의미를 바탕으로 1, 2, 3차 정방행렬에 대한 행렬식의 계산법을 소개하였다. 이를 바탕으로 임의차수의 정방행렬에 대한 행렬식을 정의하기로 한다. 치환을 이용하여 행렬식을 주로 정의하지만 본 내용에서는 이 방법을 사용하지 않기로 한다.

3차이하의 행렬식 계산식에서 형성된 일정한 구조를 임의의 정방행렬에 적용하여 일반적인 행렬식을 정의하기 위해 다음의 용어를 필요로 한다.

정의 2

소행렬

행렬 A 의 제 i 행과 제 j 열을 제외한 나머지 행렬을 (i, j) 소행렬이라 하고, A_{ij} 로 표기한다.

$$A_{ij} := \begin{bmatrix} a_{11} & a_{12} & \cdots & a_{1j} & \cdots & a_{1n} \\ a_{12} & a_{22} & \cdots & a_{2j} & \cdots & a_{2n} \\ \vdots & \vdots & \ddots & \vdots & \ddots & \vdots \\ a_{i1} & a_{i2} & \cdots & a_{ij} & \cdots & a_{in} \\ \vdots & \vdots & \ddots & \vdots & \ddots & \vdots \\ a_{m1} & a_{m2} & \cdots & a_{mj} & \cdots & a_{mn} \end{bmatrix}$$

예 7 3차행렬 $\begin{bmatrix} a_1 & b_1 & c_1 \\ a_2 & b_2 & c_2 \\ a_3 & b_3 & c_3 \end{bmatrix}$ 의 2차 소행렬을 모두 나열해 보면 다음과 같다.

$$A_{11} = \begin{bmatrix} b_2 & c_2 \\ b_3 & c_3 \end{bmatrix},\ A_{12} = \begin{bmatrix} a_2 & c_2 \\ a_3 & c_3 \end{bmatrix},\ A_{13} = \begin{bmatrix} a_2 & b_2 \\ a_3 & b_3 \end{bmatrix}$$

$$A_{21} = \begin{bmatrix} b_1 & c_1 \\ b_3 & c_3 \end{bmatrix},\ A_{22} = \begin{bmatrix} a_1 & c_1 \\ a_3 & c_3 \end{bmatrix},\ A_{23} = \begin{bmatrix} a_1 & b_1 \\ a_3 & b_3 \end{bmatrix}$$

$$A_{31} = \begin{bmatrix} b_1 & c_1 \\ b_2 & c_2 \end{bmatrix},\ A_{32} = \begin{bmatrix} a_1 & c_1 \\ a_2 & c_2 \end{bmatrix},\ A_{33} = \begin{bmatrix} a_1 & b_1 \\ a_2 & b_2 \end{bmatrix}$$

3차 행렬식을 다음과 같이 각 열에 대한 2차 소행렬식의 모양으로 나타낼 수 있다. 즉,

$$(1)\quad \begin{vmatrix} a_1 & b_1 & c_1 \\ a_2 & b_2 & c_2 \\ a_3 & b_3 & c_3 \end{vmatrix} = \mathbf{a}\times\mathbf{b}\cdot\mathbf{c}$$

$$= (a_2b_3 - a_3b_2)c_1 + (a_3b_1 - a_1b_3)c_2 + (a_1b_2 - a_2b_1)c_3$$

$$= c_1\begin{vmatrix} a_2 & b_2 \\ a_3 & b_3 \end{vmatrix} - c_2\begin{vmatrix} a_1 & b_1 \\ a_3 & b_3 \end{vmatrix} + c_3\begin{vmatrix} a_1 & b_1 \\ a_2 & b_2 \end{vmatrix}$$

$$= c_1|A_{13}| - c_2|A_{23}| + c_3|A_{33}|$$

스칼라 3중적의 성질인 $\mathbf{a}\times\mathbf{b}\cdot\mathbf{c} = \mathbf{b}\times\mathbf{c}\cdot\mathbf{a} = \mathbf{c}\times\mathbf{a}\cdot\mathbf{b}$에 의하여

$$(2)\quad \begin{vmatrix} a_1 & b_1 & c_1 \\ a_2 & b_2 & c_2 \\ a_3 & b_3 & c_3 \end{vmatrix} = \begin{vmatrix} b_1 & c_1 & a_1 \\ b_2 & c_2 & a_2 \\ b_3 & c_3 & a_3 \end{vmatrix} = a_1\begin{vmatrix} b_2 & c_2 \\ b_3 & c_3 \end{vmatrix} - a_2\begin{vmatrix} b_1 & c_1 \\ b_3 & c_3 \end{vmatrix} + a_3\begin{vmatrix} b_1 & c_1 \\ b_2 & c_2 \end{vmatrix}$$

$$= a_1|A_{11}| - a_2|A_{21}| + a_3|A_{31}|$$

$$(3)\quad \begin{vmatrix} a_1 & b_1 & c_1 \\ a_2 & b_2 & c_2 \\ a_3 & b_3 & c_3 \end{vmatrix} = \begin{vmatrix} c_1 & a_1 & b_1 \\ c_2 & a_2 & b_2 \\ c_3 & a_3 & b_3 \end{vmatrix} = b_1\begin{vmatrix} c_2 & a_2 \\ c_3 & a_3 \end{vmatrix} - b_2\begin{vmatrix} c_1 & a_1 \\ c_3 & a_3 \end{vmatrix} + b_3\begin{vmatrix} c_1 & a_1 \\ c_2 & a_2 \end{vmatrix}$$

$$= -b_1|A_{12}| + b_2|A_{22}| - b_3|A_{32}|$$

$$= -b_1|A_{12}| + b_2|A_{22}| - b_3|A_{32}|$$

또한 각 행에 대한 2차 소행렬식으로도 행렬식이 계산됨을 확인해 보자.

$$\begin{vmatrix} a_1 & b_1 & c_1 \\ a_2 & b_2 & c_2 \\ a_3 & b_3 & c_3 \end{vmatrix} = (a_2b_3 - a_3b_2)c_1 + (a_3b_1 - a_1b_3)c_2 + (a_1b_2 - a_2b_1)c_3$$

$$= a_1(b_2c_3 - b_3c_2) - b_1(a_2c_3 - c_3c_2) + c_1(a_2b_3 - a_3b_2)$$

$$= a_1|A_{11}| - b_1|A_{12}| + c_1|A_{13}|$$

즉, 제 1행에 대한 소행렬식으로도 행렬식이 계산되었다. 마찬가지 방법으로 스칼라 3중적의 성질을 이용하여 각 행에 대한 소

행렬식으로도 행렬식이 계산됨을 확인할 수 있다.

이런 결과들을 정리하면 다음과 같은 일반식을 얻을 수 있다.

정리 4

행에 대한 행렬식 3차 행렬 $A=[a_{ij}]$ 의 제 i 행에 대한 소행렬식에 대하여 행렬식은 다음과 같다.

$$|A|=(-1)^{i+1}a_{i1}|A_{i1}|+(-1)^{i+2}a_{i2}|A_{i2}|+(-1)^{i+3}a_{i3}|A_{i3}|$$

정리 5

열에 대한 행렬식 3차 행렬 A 의 제 j 열에 대한 소행렬식에 대하여 행렬식은 다음과 같다.

$$|A|=(-1)^{1+j}a_{1j}|A_{1j}|+(-1)^{2+j}a_{2j}|A_{2j}|+(-1)^{3+j}a_{3j}|A_{3j}|$$

행렬식전개 이와 같이 3차 정방행렬의 행렬식을 하나의 행 또는 열에 대한 소행렬식들로 나타낸 식을 주어진 행 또는 열에 대한 행렬식 전개라 한다.

앞에서 언급한 3차 행렬의 행렬식과 행렬식 전개에 관한 성질을 요약하면 다음과 같다.

정리 6

3차 정방행렬 A 의 행렬식전개는 행 또는 열의 선택에 관계없이 일정한 값을 가지며, 그 값이 행렬식 $|A|$이다.

3차 행렬의 행렬식전개를 바탕으로 임의차수의 정방행렬에 대한 행렬식을 다음과 같이 정의한다.

정의 3

행렬식 n차 정방행렬 A의 임의의 행(또는 열)에 대한 행렬식전개를 A의 행렬식이라 하고 $|A|$로 표기한다. 즉,

$$|A| := \sum_{j=1}^{n} (-1)^{i+j} a_{ij}|A_{ij}| \left(\text{또는} \sum_{i=1}^{n} (-1)^{i+j} a_{ij}|A_{ij}| \right)$$

예 8 행렬 $A = \begin{bmatrix} 1 & 2 & 0 \\ -1 & 3 & 2 \\ -2 & 0 & 4 \end{bmatrix}$ 의 행렬식을 제1행에 대한 행렬식 전개로 구하라.

풀이. 제 1 행에 대한 소행렬을 구해보면

$$A_{11} = \begin{bmatrix} 3 & 2 \\ 0 & 4 \end{bmatrix},\ A_{12} = \begin{bmatrix} -1 & 2 \\ -2 & 4 \end{bmatrix},\ A_{13} = \begin{bmatrix} -1 & 3 \\ -2 & 0 \end{bmatrix}$$

따라서 제 1 행에 대한 행렬식전개로 행렬식을 계산하면

$$\begin{aligned} |A| &= 1 \cdot |A_{11}| - 2 \cdot |A_{12}| + 0 \cdot |A_{13}| \\ &= \begin{vmatrix} 3 & 2 \\ 0 & 4 \end{vmatrix} - 2\begin{vmatrix} -1 & 2 \\ -2 & 4 \end{vmatrix} = (12-0) - 2(-4+4) = 12 \end{aligned}$$

예 9 행렬 $A = \begin{bmatrix} -3 & -2 & 0 & 2 \\ 2 & 1 & 0 & -1 \\ 1 & 0 & 1 & 2 \\ 2 & 1 & -3 & 1 \end{bmatrix}$ 의 행렬식을 구하라.

풀이. 제 3 열에 대한 행렬식전개로 행렬식을 가장 간단하게 계산할 수 있다. 즉,

$$
\begin{aligned}
|A| &= (-1)^{1+3} a_{13}|A_{13}| + (-1)^{2+3} a_{23}|A_{23}| \\
&\quad + (-1)^{3+3} a_{33}|A_{33}| + (-1)^{4+3} a_{43}|A_{43}| \\
&= |A_{33}| - (-3)|A_{43}|
\end{aligned}
$$

소행렬식 A_{33} 와 A_{43} 를 Sarrus 법칙으로 계산해 보면

$$
A_{33} = \begin{vmatrix} -3 & -2 & 2 \\ 2 & 1 & -1 \\ 2 & 1 & 1 \end{vmatrix} = 2,\quad A_{43} = \begin{vmatrix} -3 & -2 & 2 \\ 2 & 1 & -1 \\ 1 & 0 & 2 \end{vmatrix} = 2
$$

그러므로 행렬 A 의 행렬식은 32 이다.

행렬식에 관한 중요한 성질들을 소개하면 다음과 같다.

정리 7

정방행렬의 역행렬이 존재할 필요충분조건은 행렬식이 영이 아니다.

정리 8

n 차 정방행렬 A, B 에 대하여

(1) 행렬의 전치연산은 행렬식에 영향을 주지 않는다. 즉, $|A| = |A^T|$.

(2) 행렬 A 의 임의의 행(또는 열)벡터에 α 곱을 한 행렬의 행렬식은 $\alpha|A|$ 이다.

(3) 행렬의 두 행(열)을 교환하면 행렬식은 부호가 바뀐다.

(4) 행렬의 임의의 행(또는 열)벡터의 α 곱을 다른 행(또는 열)벡터에 더하여도 그 행렬식의 값은 변하지 않는다.

(5) 두 행렬의 곱의 행렬식은 각각의 행렬식의 곱과 같다. 즉, $|AB| = |A||B|$.

정리 9

상(하)삼각 정방행렬의 행렬식은 대각원소들의 곱과 같다.

정리 10

정방행렬 A 에 대하여

(1) A 의 한 행(또는 열)이 영벡터인 행렬의 행렬식은 0이다.

(2) A 의 행(또는 열)벡터들이 일차종속일 필요충분조건은 행렬식이 영이다.

2. 고유값과 고유벡터

선형변환의 특성 가운데 하나인 고유값과 고유벡터는 가장 중요한 의미를 갖는다. 선형변환에도 불구하고 원래의 특성을 그대로 유지하는 불변성이 선형변환의 중요한 특성을 나타낸다. 따라서, 이에 관한 수학적 개념을 생각해 보기로 한다.

2.1. 고유값, 고유벡터의 정의 및 예

$n \times n$ 정방행렬을 갖는 n차 선형변환은 입·출력 벡터가 같은 n차원 공간에 있다. 따라서, 같은 공간에서 벡터의 변환를 의미한다. 그런데 어떤 벡터의 변환은 변환이전 벡터의 특성을 그대로 유지한다. 이런 벡터들은 변환의 특성을 파악하는데 아주 중요한 요인이 된다. 또한 특성을 그대로 유지하면서 크기가 얼마나 변화했는지도 동시에 중요하다. 이와 같은 벡터를 고유벡터라 하고, 고유벡터의 크기에 대한 변환벡터의 크기의 비를 고유값이라 하는데, 다음과 같이 수학적으로 정의할 수 있다.

정의 4

고유값 고유벡터

선형변환 L의 영이 아닌 입력벡터 X에 대한 출력벡터 $L(X)$가 입력벡터의 스칼라곱 λX일 때, 스칼라 λ를 변환의 고유값(eigenvalue), 입력벡터 X를 고유값 λ를 갖는 고유벡터(eigenvector)라 한다.

고유값 λ를 갖는 고유벡터 $X \neq 0$의 정의는 다음의 함수표현 또는 행렬표현을 만족하는 λ와 $X \neq 0$이다.

- 함수표현 : $L(X) = \lambda X$
- 행렬표현 : $AX = \lambda X$

그러므로, 선형변환 L의 정방행렬이 A이면 다음과 같이 같은 의미의 두 가지 표현을 동시에 쓰기로 한다.

- 변환 L의 고유값, 고유벡터
- 행렬 A의 고유값, 고유벡터

♣**주의:** 선형변환은 영벡터의 입력에 대한 출력도 반드시 영벡터이므로 고유벡터로 볼 수 있지만 영벡터의 특성상 의미가 없다. 그러므로 영벡터는 고유벡터에서 제외한다.

고유값, 고유벡터의 정의에 따라 대표적인 선형변환들의 고유값, 고유벡터들을 찾아보자.

예 10 2차원 항등변환 I를 생각해 보자. 임의의 입력벡터 $X=[x, y]$에 대한 출력벡터는 같다. 따라서, 영이 아닌 임의의 벡터는 고유값 1을 갖는 고유벡터이다. 즉, 단위행렬 $\begin{bmatrix} 1 & 0 \\ 0 & 1 \end{bmatrix}$의 고유값은 1이고, 이 고유값을 갖는 고유벡터는 영이 아닌 모든 벡터이다.

예 11 2차원 확대변환 $L\left(\begin{bmatrix} x \\ y \end{bmatrix}\right)=\begin{bmatrix} 2 & 0 \\ 0 & 1 \end{bmatrix}\begin{bmatrix} x \\ y \end{bmatrix}$에서 x축에 있는 모든 벡터는 이 변환에 의하여 길이가 두 배로 늘어나고, y축에 있는 모든 벡터는 변화가 없다. 따라서

① 행렬 $\begin{bmatrix} 2 & 0 \\ 0 & 1 \end{bmatrix}$의 고유값은 2와 1이다.

② 고유값 2를 갖는 고유벡터들은 $[x, 0]$, $x \neq 0$이고 고유값 1을 갖는 고유벡터들은 $[0, y]$, $y \neq 0$이다.

예 12 평면의 각 점을 x축에 대칭시키는 선형변환인 $L\left(\begin{bmatrix} x \\ y \end{bmatrix}\right)=\begin{bmatrix} 1 & 0 \\ 0 & -1 \end{bmatrix}\begin{bmatrix} x \\ y \end{bmatrix}$ 은 x축에 있는 모든 벡터는 변화가 없으며 y축에 있는 모든 벡터는 반대방향으로 변화한다. 따라서,

① 행렬 $\begin{bmatrix} 1 & 0 \\ 0 & -1 \end{bmatrix}$ 의 고유값은 1 와 -1 이다.

② 고유값 1 을 갖는 고유벡터들은 $[x, 0]$, $x \neq 0$ 이고 고유값 -1 을 갖는 고유벡터들은 $[0, y]$, $y \neq 0$ 이다.

예 13 평면의 각 점을 직선 $y=x$ 에 대칭시키는 선형변환인 $L\left(\begin{bmatrix} x \\ y \end{bmatrix}\right)=\begin{bmatrix} 0 & 1 \\ 1 & 0 \end{bmatrix}\begin{bmatrix} x \\ y \end{bmatrix}$ 은 직선 $y=x$ 에 있는 모든 벡터는 변화가 없으며 이 직선에 수직인 직선 $y=-x$ 에 있는 모든 벡터는 반대방향으로 변화한다. 따라서,

① 행렬 $\begin{bmatrix} 0 & 1 \\ 1 & 0 \end{bmatrix}$ 의 고유값은 1 와 -1 이다.

② 고유값 1 을 갖는 고유벡터들은 $[x, x]$, $x \neq 0$ 이고 고유값 -1 을 갖는 고유벡터들은 $[x, -x]$, $x \neq 0$ 이다.

예 14 평면의 원점을 중심으로 각 점을 시계 반대방향으로 Θ 만큼 회전시키는 선형변환인 $L\left(\begin{bmatrix} x \\ y \end{bmatrix}\right)=\begin{bmatrix} \cos\Theta & -\sin\Theta \\ \sin\Theta & \cos\Theta \end{bmatrix}\begin{bmatrix} x \\ y \end{bmatrix}$ 은 $\Theta=0$ 일 때는 항등변환이고, $\Theta=\pi$ 일 때는 원점에 대칭변환이다. 항등변환의 고유값, 고유벡터는 앞의 예에서 확인하였다. 원점에 대칭변환 $L\left(\begin{bmatrix} x \\ y \end{bmatrix}\right)=\begin{bmatrix} 0 & -1 \\ -1 & 0 \end{bmatrix}\begin{bmatrix} x \\ y \end{bmatrix}$ 은 평면의 임의의 벡터 $[x, y]$ 가 반대방향인 $[-x, -y]=-[x, y]$ 로 변환한다. 따라서,

① $\begin{bmatrix} 0 & -1 \\ -1 & 0 \end{bmatrix}$ 의 고유값은 -1 이다.

② 고유값 -1 을 갖는 고유벡터들은 평면의 영이 아닌 모든 벡터이다.

2.2. 행렬의 고유값, 고유벡터

대표적인 선형변환 또는 행렬의 고유값, 고유벡터는 직관적으로 쉽게 찾을 수 있다. 그러나 일반적인 선형변환 또는 행렬에 대해서는 찾기가 어렵다. 따라서, 임의의 행렬에 대한 고유값, 고유벡터를 쉽게 얻을 수 있는 방법을 생각해 보기로 한다.

임의의 정방행렬 A 에 대하여 고유값 λ 를 갖는 고유벡터 $X \neq 0$ 는 정의에 의하여 다음을 만족한다.

$$AX = \lambda X$$

이 식을 다음과 같은 동차 연립일차방정식으로 나타낼 수 있다.

$$(A - \lambda I)X = 0$$

이 동차 연립일차방정식의 자명하지 않는 해 $X \neq 0$ 가 존재할 경우, 벡터 $X \neq 0$ 가 행렬 A 의 고유값 λ 를 갖는 고유벡터이다. 그런데, 5장의 정리 3에 의하여 자명하지 않는 해가 존재할 필요충분조건은 행렬 $A - \lambda I$ 의 행렬식이 0 이다. 이 결과에 의하여 고유값 λ 를 계산하고 각 고유값에 대한 고유벡터 $X \neq 0$ 를 동차 연립일차방정식 $(A - \lambda I)X = 0$ 에서 찾을 수 있다.

이와 같이 고유값, 고유벡터를 계산하는데 사용된 개념들을 정리하면 다음과 같다.

정 리 11

정방행렬 A 에 대하여 다음은 동치이다.

(1) λ 가 정방행렬 A 의 고유값이다.

(2) $AX=\lambda X$ 를 만족하는의 영이 아닌 벡터 X 가 존재한다.

(3) 동차 연립일차방정식 $(A-\lambda I)X=0$ 은 자명하지 않은 해를 갖는다.

(4) λ 는 방정식 $|A-\lambda I|=0$ 의 해이다.

고유값과 고유벡터의 계산알고리듬

정방행렬 A 의 고유값, 고유벡터의 계산알고리듬을 요약하면 다음과 같다.

(1) 방정식 $|A-\lambda I|=0$ 의 해 λ 를 구한다.

(2) λ 에 대하여 동차 연립일차방정식 $(A-\lambda I)X=0$ 의 자명하지 않은 해 $X\neq 0$ 를 구한다.

(3) $X\neq 0$ 가 정방행렬 A 의 고유값 λ 를 갖는 고유벡터이다.

예 15 2차원 항등변환의 행렬 $I=\begin{bmatrix} 1 & 0 \\ 0 & 1 \end{bmatrix}$ 의 고유값은 1이고, 이 고유값을 갖는 고유벡터는 영이 아닌 모든 벡터임을 (예 10)에서 직관적으로 구하였다. 이것을 계산알고리듬에 의하여 확인해보면 다음과 같다.

$|I-\lambda I|=(1-\lambda)^2=0$ 이므로, 이 변환의 고유값은 $\lambda=1$ 이다. 따라서, $(I-I)X=0X=0$ 의 자명하지 않은 해 $X\neq 0$ 는 모든 영이 아닌 벡터이다.

이는 직관적으로 구한 고유값, 고유벡터와 동일하다.

예 16 2차원 확대변환의 행렬인 $A=\begin{bmatrix} 2 & 0 \\ 0 & 1 \end{bmatrix}$ 의 고유값, 고유벡터를 계산알고리듬에 의하여 구해보자.

$|A-\lambda I|=(2-\lambda)(1-\lambda)=0$ 이므로, 고유값은 $\lambda=2, 1$ 이다.

① $\lambda=2$:

$(A-2I)X=\begin{bmatrix} 0 & 0 \\ 0 & -1 \end{bmatrix}\begin{bmatrix} x \\ y \end{bmatrix}=\begin{bmatrix} 0 \\ 0 \end{bmatrix}$의 해는 $[x, 0]$ 이다.

② $\lambda=1$:

$(A-I)X=\begin{bmatrix} 1 & 0 \\ 0 & 0 \end{bmatrix}\begin{bmatrix} x \\ y \end{bmatrix}=\begin{bmatrix} 0 \\ 0 \end{bmatrix}$의 해는 $[0, y]$ 이다.

따라서, 직관적으로 구한 고유값, 고유벡터와 동일하다.

예 17 평면의 각 점을 직선 $y=x$ 에 대칭변환의 행렬인 $\begin{bmatrix} 0 & 1 \\ 1 & 0 \end{bmatrix}$ 의 고유값, 고유벡터를 계산알고리듬에 의하여 구해보자.

$|A-\lambda I|=\lambda^2-1=0$ 이므로, 고유값은 $\lambda=\pm 1$ 이다.

① $\lambda=1$:

$(A-I)X=\begin{bmatrix} -1 & 1 \\ 1 & -1 \end{bmatrix}\begin{bmatrix} x \\ y \end{bmatrix}=\begin{bmatrix} 0 \\ 0 \end{bmatrix}$의 해는 $[x, x]$ 이다.

② $\lambda=-1$:

$(A+I)X=\begin{bmatrix} 1 & 1 \\ 1 & 1 \end{bmatrix}\begin{bmatrix} x \\ y \end{bmatrix}=\begin{bmatrix} 0 \\ 0 \end{bmatrix}$의 해는 $[x, -x]$ 이다.

따라서, 직관적으로 구한 고유값, 고유벡터와 동일하다.

예 18 행렬 $A=\begin{bmatrix} 3 & 0 \\ 8 & -1 \end{bmatrix}$ 의 고유값과 고유벡터를 구하라.

풀이. $\begin{vmatrix} 3-\lambda & 0 \\ 8 & -1-\lambda \end{vmatrix} = (\lambda-3)(\lambda+1)$ 이므로 고유값은 $\lambda_1 = 3$, $\lambda_2 = -1$ 이다.

① $\lambda_1 = 3$:

$$A - \lambda I = A - 3I$$

$$= \begin{bmatrix} 3-3 & 0 \\ 8 & -1-3 \end{bmatrix} = \begin{bmatrix} 0 & 0 \\ 8 & -4 \end{bmatrix} \sim \begin{bmatrix} 1 & -\frac{1}{2} \\ 0 & 0 \end{bmatrix}$$

$$R_1 \leftrightarrow R_2, \quad \frac{1}{8}R_1$$

따라서, 고유값 3 을 갖는 고유벡터는

$$v_1 = \begin{bmatrix} \frac{1}{2}t \\ t \end{bmatrix} = t\begin{bmatrix} \frac{1}{2} \\ 1 \end{bmatrix}$$

② $\lambda_2 = -1$:

$$A - \lambda I = A + I = \begin{bmatrix} 3+1 & 0 \\ 8 & -1+1 \end{bmatrix} = \begin{bmatrix} 4 & 0 \\ 8 & 0 \end{bmatrix} \sim \begin{bmatrix} 1 & 0 \\ 0 & 0 \end{bmatrix}$$

$$\frac{1}{4}R_1, \quad R_2 - 8R_1$$

따라서, 고유값 -1 을 갖는 고유벡터는

$$v_2 = \begin{bmatrix} 0 \\ s \end{bmatrix} = s\begin{bmatrix} 0 \\ 1 \end{bmatrix}$$

연습문제 7장

1. 평면의 각 점을 직선 $y=-x$에 대칭시키는 선형변환의 행렬식을 구하라.

2. 공간의 각 점을 평면 $y=-x$에 대칭시키는 선형변환의 행렬식을 구하라.

3. 공간의 각 점을 원점에 대칭시키는 선형변환의 행렬식을 구하라.

4. 다음을 계산하라.

(1) $\begin{vmatrix} \cos wt & \sin wt \\ -\sin wt & \cos wt \end{vmatrix}$ (2) $\begin{vmatrix} 5 & 0 & 0 \\ 6 & 3 & 2 \\ 4 & 5 & 7 \end{vmatrix}$ (3) $\begin{vmatrix} 6 & 7 & 2 \\ 1 & 4 & 3 \\ -1 & 1 & 4 \end{vmatrix}$

5. 행렬식전개를 이용하여 다음행렬의 행렬식을 구하라.

(1) $\begin{bmatrix} 3 & 7 & 6 & 4 \\ 0 & 1 & 0 & 2 \\ 0 & 0 & 5 & 1 \\ 0 & 0 & 0 & 0 \end{bmatrix}$ (2) $\begin{bmatrix} 3 & 0 & 0 & 0 \\ 3 & 1 & 0 & 0 \\ -32 & 4 & 5 & 0 \\ 0 & 20 & 2 & 4 \end{bmatrix}$ (3) $\begin{bmatrix} 2 & 0 & 3 & 3 \\ 1 & 2 & 2 & 4 \\ 5 & 4 & 0 & 0 \\ 3 & -2 & 1 & 1 \end{bmatrix}$

6. 다음 선형변환의 고유값, 고유벡터를 직관적으로 구하라.

(1) 평면의 각 점을 직선 $y=-x$에 대칭시키는 선형변환
(2) 평면의 각 점을 원점에 대칭시키는 선형변환
(3) 공간의 각 점을 평면 $y=-x$에 대칭시키는 선형변환

7. 다음 행렬의 고유값, 고유벡터를 구하라.

(1) $\begin{bmatrix} 1 & 0 \\ 0 & 2 \end{bmatrix}$ (2) $\begin{bmatrix} 1 & 2 \\ 3 & 2 \end{bmatrix}$ (3) $\begin{bmatrix} 2 & 1 & 0 \\ 0 & 2 & 0 \\ 0 & 0 & 2 \end{bmatrix}$ (4) $\begin{bmatrix} 1 & -3 & 3 \\ 3 & -5 & 3 \\ 6 & -6 & 4 \end{bmatrix}$

제8장

역선형변환과 역행렬

1. 선형변환의 행렬방정식
2. 역선형변환의 행렬
3. 역행렬 (I)
4. 역행렬 (II)

역선형변환과 역행렬

선형변환의 방정식은 행렬방정식 또는 연립일차방정식의 형태로 표현이 되었다. 일차방정식의 해를 구하는 과정에서 실수곱의 항등원, 역원이 행렬방정식에서는 행렬곱에 대한 항등원인 단위행렬, 역원인 역행렬로 작용한다. 선형변환의 함수식에서는 항등함수, 역선형함수이다. 0을 제외한 모든 실수가 실수곱의 역원을 갖지만, 행렬연산에는 영행렬 이외에도 역행렬이 존재하지 않는 행렬이 많이 있다. 마찬가지로, 영변환 이외에도 역이 존재하지 않는 선형변환이 많이 있다.

본 내용에서는, 역이 존재하는 선형변환의 역을 계산하기 위하여 대응하는 행렬의 역행렬을 가우스-조르단 소거법과 행렬식을 이용하여 계산하는 방법을 소개한다.

1. 선형변환의 행렬방정식

1.1. 일차방정식 $ax = b$

일차 선형변환의 행렬방정식을 풀기 위하여 행렬의 곱셈에 대한 항등원과 역원에 대한 대수적 개념이 필요하다. 따라서 우선 행렬의 가장 간단한 모양인 실수에 대한 곱셈의 항등원과 역원이 방정식 풀이에 어떠한 작용을 하는지를 살펴보고, 이를 일반 행렬에 적용하는 방법을 모색하기로 하자.

실수방정식 $ax = b$의 풀이과정을 단계별로 나타내면 다음과 같다.

$$a^{-1}ax = a^{-1}b \quad \text{(양변에 } a \text{ 의 역원 } a^{-1} = \frac{1}{a} \text{ 을 곱한다)}$$

$$(a^{-1}a)x = a^{-1}b \quad \text{(곱셈의 결합법칙)}$$

$$1x = a^{-1}b \quad \text{(} a \text{ 의 역원의 성질)}$$

$$x = a^{-1}b = \frac{b}{a} \quad \text{(항등원 1 의 성질)}$$

임의의 실수 a 를 1×1 행렬 $[a]$ 로 해석하면 실수의 곱연산과 항등원, 역원, 실수방정식 등이 행렬의 곱연산과 행렬곱의 항등원, 역원, 행렬방정식 등으로 다음과 같이 표현된다.

	실수	행렬
표현	a	$[a]$
곱연산	ab	$[a][b] = [ab]$
항등원	1	$[1]$
역원	$a^{-1} = \frac{1}{a}$	$[a]^{-1} = [a^{-1}] = \left[\frac{1}{a}\right]$
방정식	$ax = b$	$[a][x] = [b]$

실수방정식 $ax = b$ 의 풀이과정을 행렬방정식 $[a][x] = [b]$ 에 적용하여 표현하면 다음과 같다.

$$\left[\frac{1}{a}\right][a][x] = \left[\frac{1}{a}\right][b] \quad \text{(양변에 } [a] \text{ 의 역원을 곱한다)}$$

$$\left[\left(\frac{1}{a}\right)a\right][x] = \left[\left(\frac{1}{a}\right)b\right] \quad \text{(행렬의 결합법칙)}$$

$$[1][x] = \left[\frac{b}{a}\right] \quad \text{(} a \text{ 의 역원의 성질)}$$

$$[x] = \left[\frac{b}{a}\right] \quad \text{(항등원 1 의 성질)}$$

1.2. 행렬방정식

실수방정식 $ax = b$ 을 행렬방정식 $[a][x] = [b]$ 으로 표현하였을 때 이 방정식의 해를 구하기 위해 행렬곱에 대한 항등원 $[1]$ 과, 행렬 $[a]$ 의 곱에 대한 역원인 $[a]^{-1} = [a^{-1}] = \left[\frac{1}{a}\right]$ 을 필요로 하였다. 항등원과 역원에 관한 개념을 선형변환의 구성도로 표시하면 다음과 같다.

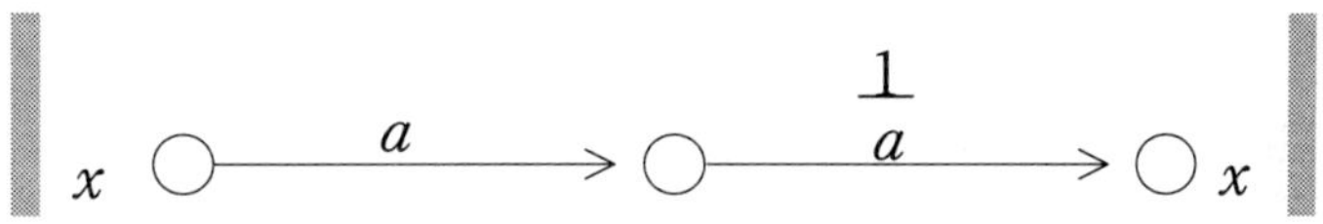

이를 기반으로 선형변환의 행렬방정식의 해를 구하는 방법을 생각해 보자.

행렬방정식 $Ax = b$ 의 행렬 A 가 $n \times n$ 정방행렬로, $CA = I$ 을 만족하는 정방행렬 $C_{n \times n}$ 가 존재한다면 다음과 같이 행렬방정식의 해 x 를 구할 수 있다.

$$
\begin{array}{ll}
Ax = b & \\
C(Ax) = Cb & \text{(양변에 행렬 } C \text{ 를 곱한다)} \\
(CA)x = Cb & \text{(행렬곱의 결합법칙)} \\
Ix = Cb & \text{(행렬 } C \text{ 의 성질)} \\
x = Cb & \text{(행렬곱의 항등원 } I \text{)}
\end{array}
$$

따라서, 행렬방정식 $Ax = b$ 의 해를 구하기 위하여 결정적으로 필요한 것은 행렬 A 에 대하여 $CA = I$ 을 만족하는 행렬 $C_{n \times n}$ 즉, A 의 행렬곱에 대한 역원이다.

예 1 행렬 $A=\begin{bmatrix}1 & 1\\1 & 2\end{bmatrix}$ 에 대하여, $CA=I$를 만족하는 행렬 C를 구하라.

풀이. 행렬 C를 $\begin{bmatrix}a & b\\c & d\end{bmatrix}$ 라 놓고, $CA=I$를 만족하는 a, b, c, d를 구해 보자. 즉,

$$\begin{bmatrix}a & b\\c & d\end{bmatrix}\begin{bmatrix}1 & 1\\1 & 2\end{bmatrix}=\begin{bmatrix}1 & 0\\0 & 1\end{bmatrix} \quad \Rightarrow \quad \begin{cases}a + b = 1\\a + 2b = 0\\c + d = 0\\c + 2d = 1\end{cases}$$

$$\Rightarrow \; a=2, \; b=c=-1, \; d=1.$$

그러므로 행렬 C는 $\begin{bmatrix}2 & -1\\-1 & 1\end{bmatrix}$

예 2 연립일차방정식 $\begin{cases}2x+9y=1\\x+4y=2\end{cases}$ 을 행렬방정식 $A\mathbf{x}=\mathbf{b}$ 로 표현하면

$$\begin{bmatrix}2 & 9\\1 & 4\end{bmatrix}\begin{bmatrix}x\\y\end{bmatrix}=\begin{bmatrix}1\\2\end{bmatrix}$$

행렬 $C=\begin{bmatrix}-4 & 9\\1 & -2\end{bmatrix}$ 는 $CA=I$를 만족하므로 행렬방정식의 양변에 적용하면 $\mathbf{x}=CA\mathbf{x}=C\mathbf{b}$ 이다. 따라서,

$$\begin{bmatrix}x\\y\end{bmatrix}=\begin{bmatrix}-4 & 9\\1 & -2\end{bmatrix}\begin{bmatrix}2 & 9\\1 & 4\end{bmatrix}\begin{bmatrix}x\\y\end{bmatrix}=\begin{bmatrix}-4 & 9\\1 & -2\end{bmatrix}\begin{bmatrix}1\\2\end{bmatrix}=\begin{bmatrix}14\\-3\end{bmatrix}$$

2. 역선형변환의 행렬

행렬방정식 $Ax = b$에서 행렬 A의 곱에 대한 역원, 즉 $CA = I$를 만족하는 행렬 C를 이용하여 행렬방정식 $Ax = b$의 해를 간단히 구할 수 있었다. 정방행렬 가운데 행렬곱에 대한 역원이 존재하는 행렬과 그렇지 않는 행렬에 대하여 다음과 같이 정의한다.

정의 1

가역행렬
(정칙행렬)
역행렬
특이행렬

$n \times n$ 정방행렬 A에 대하여, $CA = AC = I$인 $n \times n$ 정방행렬 C가 존재한다면 이 행렬 A를 가역행렬(invertible matrix) 또는 정칙행렬(regular matrix)이라 하고, 행렬 C를 A의 역행렬(inverse matrix)이라 하며 다음과 같이 표기한다.

$$A^{-1} := C$$

그리고 가역이 아닌 행렬을 특이(singular)행렬이라 한다.

♣주의: 실제로 $CA = I$이면 $CA = AC = I$이다. 따라서, 가역행렬이기 위하여 조건 $CA = I$을 만족하는 정방행렬 C가 존재하는 것으로 충분하다.

예 3 0을 제외한 모든 실수는 역을 갖는다. 그러나 행렬에서는 영행렬 이외에도 역이 존재하지 않는 행렬들이 많이 있다. 예를 들면 임의의 실수 a에 대하여 행렬 $\begin{bmatrix} a & 0 \\ a & 0 \end{bmatrix}$은 특이행렬이다.

역행렬의 선형변환을 해석하기 위해 역선형변환을 다음과 같이 정의한다.

정의 2

역선형변환

n차 선형변환 F, G의 합성변환 $G \circ F$가 항등변환일 때, G를 F의 역선형변환이라 하고, F^{-1}로 표기한다.

다음의 그림은 n차 선형변환 F, G의 합성변환 $G \circ F$가 항등변환인 경우를 나타낸다.

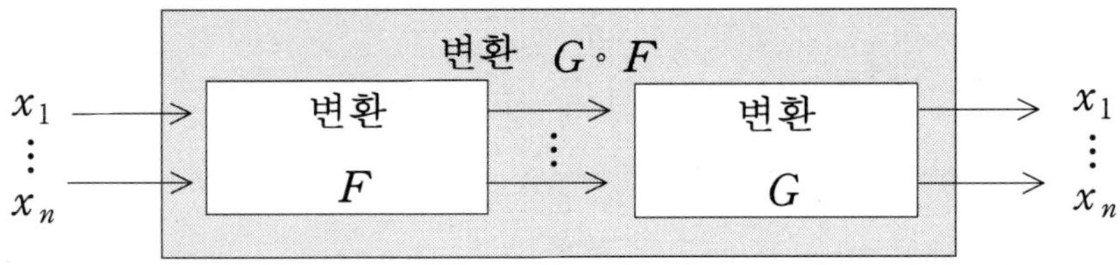

선형변환 F, G의 행렬을 각각 A, C라 하면, 입력벡터 $X = [x_1, \cdots, x_n]^T$에 대하여 $F(X) = AX$, $G(X) = CX$이므로

$$(G \circ F)(X) = G(F(X)) = G(AX) = C(AX) = (CA)(X)$$

이는 선형변환의 합성 $G \circ F$가 항등변환일 필요충분조건은 CA가 단위행렬임을 의미하므로 다음의 정리를 얻는다.

정리 1

역선형변환과 역행렬

정방행렬 A의 선형변환 F가 역선형변환을 갖는다면, 역선형변환 F^{-1}의 행렬은 역행렬 A^{-1}이다.

이 정리로부터 역선형변환과 역행렬은 같은 개념임을 알 수 있다. 따라서, 주어진 선형변환의 역선형변환을 구하기 위하여 대응하는 행렬의 역행렬을 계산하는 대수적 방법을 3절에서 소개한다.

3. 역행렬 (I)

역행렬을 계산하는 방법으로 행렬식에 의한 방법과 기본행연산에 의한 방법, 그리고 가우스-조르단 소거법에 의한 방법이 있다. 여기서는 기본행연산과 가우스-조르단 소거법에 의한 역행렬의 계산법을 소개한다.

3.1. 기본행렬

기본행연산을 행렬모양으로 표현함으로써 역행렬을 계산할 수 있다. 따라서, 기본행연산에 대응하는 행렬을 다음과 같이 정의한다.

정의 3

기본행렬 단위행렬 I에 하나의 기본행연산을 실시하여 얻어지는 행렬을 기본행렬(elementary matrix)이라 한다.

예 4 단위행렬 $I=\begin{bmatrix}1&0\\0&1\end{bmatrix}$에 다음의 각 기본행연산을 적용해 보자.

① $2R_2$ ② $R_1 \leftrightarrow R_2$ ③ R_1+3R_2

이 기본행연산에 대응하는 기본행렬은

① $\begin{bmatrix}1&0\\0&2\end{bmatrix}$ ② $\begin{bmatrix}0&1\\1&0\end{bmatrix}$ ③ $\begin{bmatrix}1&3\\0&1\end{bmatrix}$

예 5 다음의 각 기본행렬에 대응하는 기본행연산을 찾아라.

(1) $\begin{bmatrix} 1 & 0 \\ 0 & -5 \end{bmatrix}$ (2) $\begin{bmatrix} 1 & 0 & 0 & 0 \\ 0 & 0 & 0 & 1 \\ 0 & 0 & 1 & 0 \\ 0 & 1 & 0 & 0 \end{bmatrix}$ (3) $\begin{bmatrix} 1 & 0 & 3 \\ 0 & 1 & 0 \\ 0 & 0 & 1 \end{bmatrix}$

풀이. (1) 행렬 $\begin{bmatrix} 1 & 0 \\ 0 & -5 \end{bmatrix}$ 은 단위행렬에 제 2 행에 상수 -5 를 곱한 것이다. 그러므로 대응하는 기본행연산은 $-5R_2$ 이다.

(2) 행렬 $\begin{bmatrix} 1 & 0 & 0 & 0 \\ 0 & 0 & 0 & 1 \\ 0 & 0 & 1 & 0 \\ 0 & 1 & 0 & 0 \end{bmatrix}$ 은 단위행렬의 제 2 행과 4 행을 교환한 것이다. 따라서, 대응하는 기본행연산은 $R_2 \leftrightarrow R_4$ 이다.

(3) 행렬 $\begin{bmatrix} 1 & 0 & 3 \\ 0 & 1 & 0 \\ 0 & 0 & 1 \end{bmatrix}$ 은 단위행렬의 제 3 행의 상수 3 곱을 제 1 행에 더한 것이다. 그러므로 대응하는 기본행연산은 $R_1 + 3R_3$ 이다.

3.2. 기본행연산과 기본행렬

기본행연산과 기본행렬의 관계를 다음의 그림으로 나타낼 수 있다.

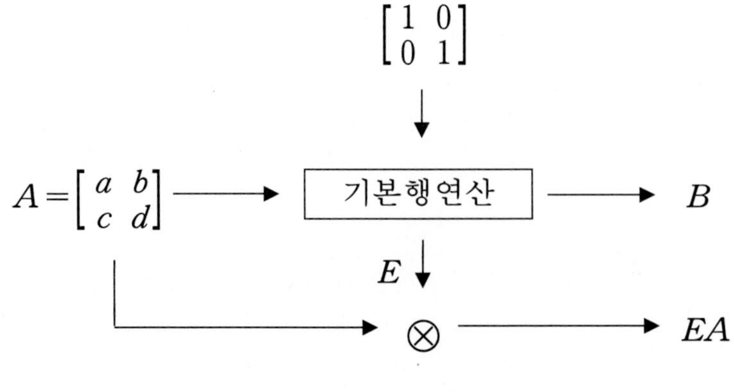

임의의 행렬 $A=\begin{bmatrix} a & b \\ c & d \end{bmatrix}$ 에 기본행연산을 적용한 행렬 B 와 기본행렬 E 를 곱한 행렬 EA 를 비교해 보자.

행렬 $A=\begin{bmatrix} a & b \\ c & d \end{bmatrix}$ 에 대하여

① A 의 기본행연산 $2R_2$ 에 의한 행렬은 $B=\begin{bmatrix} a & b \\ 2c & 2d \end{bmatrix}$

기본행렬은 $E=\begin{bmatrix} 1 & 0 \\ 0 & 2 \end{bmatrix}$ 이므로

$$EA=\begin{bmatrix} 1 & 0 \\ 0 & 2 \end{bmatrix}\begin{bmatrix} a & b \\ c & d \end{bmatrix}=\begin{bmatrix} a & b \\ 2c & 2d \end{bmatrix}=B$$

② A 의 기본행연산 $R_1 \leftrightarrow R_2$ 에 의한 행렬은 $B=\begin{bmatrix} c & d \\ a & b \end{bmatrix}$

기본행렬은 $E=\begin{bmatrix} 0 & 1 \\ 1 & 0 \end{bmatrix}$ 이므로

$$EA=\begin{bmatrix} 0 & 1 \\ 1 & 0 \end{bmatrix}\begin{bmatrix} a & b \\ c & d \end{bmatrix}=\begin{bmatrix} c & d \\ a & b \end{bmatrix}=B$$

③ A 의 기본행연산 R_1+3R_2 에 의한 행렬은

$$B=\begin{bmatrix} a+3c & b+3d \\ c & d \end{bmatrix}$$

기본행렬은 $E=\begin{bmatrix} 1 & 3 \\ 0 & 1 \end{bmatrix}$ 이므로

$$EA=\begin{bmatrix} 1 & 3 \\ 0 & 1 \end{bmatrix}\begin{bmatrix} a & b \\ c & d \end{bmatrix}=\begin{bmatrix} a+3c & b+3d \\ c & d \end{bmatrix}=B$$

이처럼 기본행연산에 의한 행렬은 기본행렬의 곱연산과 같은 의미를 갖는 것을 보았다. 이를 정리해 보면 다음과 같다.

정 리 2

기본행연산과 기본행렬 $m \times n$ 행렬 A 와 단위행렬 I 에 하나의 기본행연산을 실시하여 얻어진 행렬을 각각 B, E 라 하면

$$B = EA$$

예 6 $A = \begin{bmatrix} 0 & 1 & -3 \\ 2 & 3 & -1 \\ 4 & 5 & -2 \end{bmatrix}$ 일 때 다음을 만족하는 정방행렬 U 를 구하라.

$$UA \ : \text{상삼각행렬}$$

풀이.

기본행연산	행 동치행렬	기본행렬
	$A = \begin{bmatrix} 0 & 1 & -3 \\ 2 & 3 & -1 \\ 4 & 5 & -2 \end{bmatrix}$	$I_3 = \begin{bmatrix} 1 & 0 & 0 \\ 0 & 1 & 0 \\ 0 & 0 & 1 \end{bmatrix}$
$R_1 \leftrightarrow R_2$	$\sim \begin{bmatrix} 2 & 3 & -1 \\ 0 & 1 & -3 \\ 4 & 5 & -2 \end{bmatrix}$	$E_1 = \begin{bmatrix} 0 & 1 & 0 \\ 1 & 0 & 0 \\ 0 & 0 & 1 \end{bmatrix}$
$R_3 + (-2)R_1$	$\sim \begin{bmatrix} 2 & 3 & -1 \\ 0 & 1 & -3 \\ 0 & -1 & 0 \end{bmatrix}$	$E_2 = \begin{bmatrix} 1 & 0 & 0 \\ 0 & 1 & 0 \\ -2 & 0 & 1 \end{bmatrix}$
$R_2 + R_3$	$\sim \begin{bmatrix} 2 & 3 & -1 \\ 0 & 1 & -3 \\ 0 & 0 & -3 \end{bmatrix} = B$	$E_3 = \begin{bmatrix} 1 & 0 & 0 \\ 0 & 1 & 0 \\ 0 & 1 & 1 \end{bmatrix}$

$E_3(E_2(E_1 A)) = (E_3 E_2 E_1)A = B$ 는 상삼각행렬이므로, $UA = B$ 인 행렬 U 는

$$U = E_3 E_2 E_1 = \begin{bmatrix} 0 & 1 & 0 \\ 1 & 0 & 0 \\ 1 & -2 & 1 \end{bmatrix}$$

3.3. 기본행렬의 역행렬

기본행렬의 역행렬은 기본행연산의 역에 의하여 결정된다. 즉,

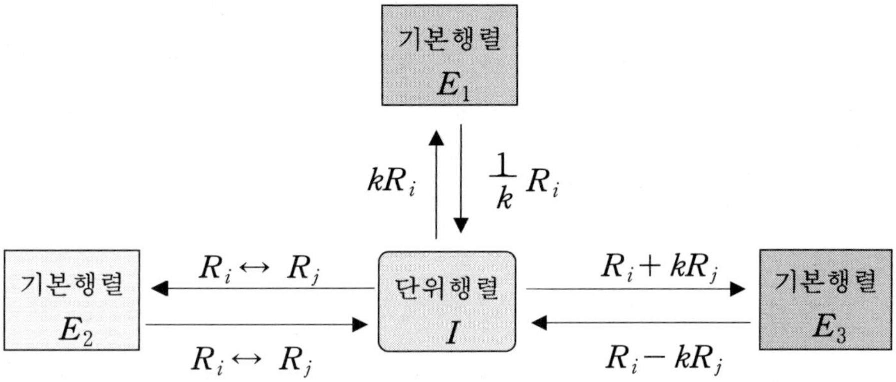

이 그림으로부터 기본행렬의 역행렬을 다음의 정리로 요약할 수 있다.

정 리 3 기본행렬의 역행렬

모든 기본행렬은 가역이고 그 역행렬 또한 기본행렬이다. 즉,

(1) kR_i의 기본행렬의 역행렬 $=$ $\frac{1}{k}R_i$의 기본행렬

(2) $R_i \leftrightarrow R_j$의 기본행렬의 역행렬 $=$ $R_i \leftrightarrow R_j$의 기본행렬

(3) $R_i + kR_j$의 기본행렬의 역행렬 $=$ $R_i - kR_j$의 기본행렬

예 7 다음 기본행렬의 역행렬을 구하라.

$$E_1 = \begin{bmatrix} 0 & 1 & 0 \\ 1 & 0 & 0 \\ 0 & 0 & 1 \end{bmatrix},\ E_2 = \begin{bmatrix} 3 & 0 & 0 \\ 0 & 1 & 0 \\ 0 & 0 & 1 \end{bmatrix},\ E_3 = \begin{bmatrix} 1 & 0 & 4 \\ 0 & 1 & 0 \\ 0 & 0 & 1 \end{bmatrix}$$

풀이. 행렬 E_1은 I_3에서 R_1과 R_2를 교환하는 기본행연산에

의한 행렬이므로 이 변환의 역변환은 같은 변환이다. 따라서,

$$E_1^{-1} = E_1$$

행렬 E_2는 I_3에서의 기본행연산 $3R_1$에 의한 행렬이므로 이 변환의 역변환인 $\frac{1}{3}R_1$에 대응하는 행렬이 E_2의 역행렬이므로

$$E_2^{-1} = \begin{bmatrix} \frac{1}{3} & 0 & 0 \\ 0 & 1 & 0 \\ 0 & 0 & 1 \end{bmatrix}$$

행렬 E_3는 I_3에서의 기본행연산 $R_1 + 4R_3$에 의한 행렬이므로 이 변환의 역변환 $R_1 + (-4)R_3$에 대응하는 행렬이 E_3의 역행렬이다. 따라서,

$$E_3^{-1} = \begin{bmatrix} 1 & 0 & -4 \\ 0 & 1 & 0 \\ 0 & 0 & 1 \end{bmatrix}$$

3.4. 역행렬의 기본성질

다음의 정리에 의하여, 가역의 조건 $CA = AC = I$에서 하나의 등식만 성립하는 것으로 충분하다.

정 리 4

행렬 A, C가 $n \times n$ 행렬일 때, $CA = I \iff AC = I$.

증명 8장 4절의 역행렬 개념을 이용하여 증명할 수 있음.

기본행연산에 의한 기본행렬들의 역행렬을 이용하여 행렬의 역행렬을 구하는 방법을 정리하면 다음과 같다.

정리 5

행렬 A가 단위행렬 I와 행 동치 $(A \sim I)$이면 역행렬이 존재한다. 즉,

$$E_1 E_2 \cdots E_n A = I \quad \Rightarrow \quad A^{-1} = E_1 E_2 \cdots E_n$$

정리 6

A, B가 가역인 n차 정방행렬이면 AB의 역행렬은

$$(AB)^{-1} = B^{-1} A^{-1}$$

증명 A, B가 가역이므로, 다음을 만족하는 행렬 A^{-1}, B^{-1}가 존재한다.

$$AA^{-1} = A^{-1}A = I, \quad BB^{-1} = B^{-1}B = I$$

그러므로

$$\begin{aligned}(AB)(B^{-1}A^{-1}) &= [A(BB^{-1})]A^{-1} \\ &= (AI)A^{-1} = AA^{-1} = I\end{aligned}$$

같은 방법으로 $(B^{-1}A^{-1})(AB) = I$이 성립한다. 따라서

$$(AB)^{-1} = B^{-1}A^{-1}$$

정의 4

$n \times n$ 정방행렬 A와 정수 k에 대하여 A^k를 다음과 같이 정의한다.

$$A^k := \begin{cases} A \cdots A \quad (k\text{개의 곱}) & : k > 0 \\ I & : k = 0 \\ A^{-1} \cdots A^{-1} \quad (-k\text{개의 곱}) & : k < 0 \end{cases}$$

정 리 7

A가 가역행렬일 때 다음이 성립한다.

(1) A^{-1}은 가역이고 $(A^{-1})^{-1} = A$

(2) A^n은 가역이고 $(A^n)^{-1} = (A^{-1})^n \ (n = 0, 1, 2, \cdots)$

(3) 영이 아닌 스칼라 k에 대하여 kA는 가역이고

$$(kA)^{-1} = \frac{1}{k} A^{-1}$$

증명 (1) $AA^{-1} = A^{-1}A = I$이므로 행렬 A^{-1}은 가역이고 $(A^{-1})^{-1} = A$

(2) $(A^n)^{-1} = (A \cdots A)^{-1} = A^{-1} \cdots A^{-1} = (A^{-1})^n$

(3) $(kA)(\frac{1}{k} A^{-1}) = \frac{1}{k} (kA) A^{-1} = (\frac{1}{k} k) AA^{-1} = (1) I = I$

같은 방법으로 $(\frac{1}{k} A^{-1})(kA) = (\frac{1}{k} k)(A^{-1}A) = I$이므로

kA 는 가역이고 $(kA)^{-1} = \frac{1}{k} A^{-1}$

3.5. 가우스-조르단 소거법에 의한 역행렬 계산

역행렬은 가우스-조르단 소거법에 의하여 계산할 수 있다. 계산방법을 유도하기 위해 임의의 정방행렬 A의 역행렬을 B라 하면, $AB = I$를 만족한다. 즉,

$$AB = I, \ A = \begin{bmatrix} a_{11} & a_{12} & \cdots & a_{1n} \\ a_{21} & a_{22} & \cdots & a_{2n} \\ \vdots & \vdots & \ddots & \vdots \\ a_{n1} & a_{n2} & \cdots & a_{nn} \end{bmatrix}, \ B = \begin{bmatrix} x_{11} & x_{12} & \cdots & x_{1n} \\ x_{21} & x_{22} & \cdots & x_{2n} \\ \vdots & \vdots & \ddots & \vdots \\ x_{n1} & x_{n2} & \cdots & x_{nn} \end{bmatrix}$$

이 식을 행렬 B의 각 열에 대하여 풀어 쓰면,

$$\begin{bmatrix} a_{11} & a_{12} & \cdots & a_{1n} \\ a_{21} & a_{22} & \cdots & a_{2n} \\ \vdots & \vdots & \ddots & \vdots \\ a_{n1} & a_{n2} & \cdots & a_{nn} \end{bmatrix} \begin{bmatrix} x_{1j} \\ x_{2j} \\ \vdots \\ x_{nj} \end{bmatrix} = I^j, \quad j=1,\cdots,n$$

여기서 I^j는 단위행렬 I의 제 j열벡터(j번째만 1이고 나머지는 모두 0)이다. 이 연립일차방정식의 해벡터가 역행렬 B의 j열벡터이므로, n개의 연립방정식의 해를 동시에 구함으로써 역행렬 B가 결정됨을 알 수 있다. 다시 말하면, 가우스-조르단 소거법에 따라, 각 $j=1,\cdots,n$에 대하여 확대행렬 $[A\,|\,I^j]$과 행동치로서 $[I_n\,|\,b^j]$인 모양을 갖는다면 역행렬 B의 제 j열벡터가 b^j이다. 이러한 n개의 각 과정 모두가 계수행렬을 단위행렬로 만드는 것이므로, 이를 한꺼번에 처리할 수 있다. 즉, 계수행렬 A에 단위행렬을 첨가시킨 확대행렬 $[A\,|\,I_n]$을 계수행렬이 단위행렬이 되도록 기본행연산을 한다. 이 과정을 요약하면 다음과 같다.

정리 8

가우스-조르단 소거법에 의한 역행렬 계산

$n\times n$ 행렬 A의 역행렬 A^{-1}는 가우스-조르단 소거법에 의하여 다음과 같이 계산된다.

$$[A\,|\,I_n] \sim [I_n|B] \Rightarrow A^{-1}=B$$

예 8 행렬 $A=\begin{bmatrix} 1 & 1 \\ -1 & 0 \end{bmatrix}$의 역행렬을 가우스-조르단 소거법에 의하여 구하라.

풀이.

기본행연산	행 동치행렬
	$\begin{bmatrix} 1 & 1 & 1 & 0 \\ -1 & 0 & 0 & 1 \end{bmatrix}$
$R_2 + R_1$	$\begin{bmatrix} 1 & 1 & 1 & 0 \\ 0 & 1 & 1 & 1 \end{bmatrix}$
$R_1 - R_2$	$\begin{bmatrix} 1 & 0 & 0 & -1 \\ 0 & 1 & 1 & 1 \end{bmatrix}$

$\therefore A^{-1} = \begin{bmatrix} 0 & -1 \\ 1 & 1 \end{bmatrix}$

예 9 행렬 $A = \begin{bmatrix} 1 & 2 & 3 \\ 2 & 5 & 3 \\ 1 & 0 & 8 \end{bmatrix}$ 의 역행렬을 구하라.

풀이. 기본행연산 　　　　 행 동치행렬

$$\begin{bmatrix} 1 & 2 & 3 & 1 & 0 & 0 \\ 2 & 5 & 3 & 0 & 1 & 0 \\ 1 & 0 & 8 & 0 & 0 & 1 \end{bmatrix}$$

$$\begin{matrix} R_2+(-2)R_1 \\ R_3+(-1)R_1 \end{matrix} \quad \sim \begin{bmatrix} 1 & 2 & 3 & 1 & 0 & 0 \\ 0 & 1 & -3 & -2 & 1 & 0 \\ 0 & -2 & 5 & -1 & 0 & 1 \end{bmatrix}$$

$$R_3+2R_2 \quad \sim \begin{bmatrix} 1 & 2 & 3 & 1 & 0 & 0 \\ 0 & 1 & -3 & -2 & 1 & 0 \\ 0 & 0 & -1 & -5 & 2 & 1 \end{bmatrix}$$

$$-R_3 \quad \sim \begin{bmatrix} 1 & 2 & 3 & 1 & 0 & 0 \\ 0 & 1 & -3 & -2 & 1 & 0 \\ 0 & 0 & 1 & 5 & -2 & -1 \end{bmatrix}$$

$$\begin{matrix} R_2+3R_3 \\ R_1-3R_3 \end{matrix} \quad \sim \begin{bmatrix} 1 & 2 & 0 & -14 & 6 & 3 \\ 0 & 1 & 0 & 13 & -5 & -3 \\ 0 & 0 & 1 & 5 & -2 & -1 \end{bmatrix}$$

$$R_1-2R_2 \quad \sim \begin{bmatrix} 1 & 0 & 0 & -40 & 16 & 9 \\ 0 & 1 & 0 & 13 & -5 & -3 \\ 0 & 0 & 1 & 5 & -2 & -1 \end{bmatrix}$$

$$\therefore\ A^{-1}=\begin{bmatrix} -40 & 16 & 9 \\ 13 & -5 & -3 \\ 5 & -2 & -1 \end{bmatrix}$$

3.6. 역행렬에 의한 연립일차방정식 풀이

연립일차방정식 $Ax=b$의 계수행렬 A가 역행렬을 갖는다면, 다음과 같이 이 방정식의 해를 구할 수 있다.

$$Ax=b \ \Rightarrow\ A^{-1}Ax=A^{-1}b \ \Rightarrow\ x=A^{-1}b$$

예 10 다음 연립일차방정식을 역행렬을 이용하여 풀이하라.

$$\begin{cases} 2x + 9y = -5 \\ x + 4y = 7 \end{cases}$$

풀이. 행렬방정식 $Ax=b$, $A=\begin{bmatrix} 2 & 9 \\ 1 & 4 \end{bmatrix}$, $b=\begin{bmatrix} -5 \\ 7 \end{bmatrix}$의 계수행렬 A의 역행렬을 구하면

$$\begin{bmatrix} 2 & 9 & 1 & 0 \\ 1 & 4 & 0 & 1 \end{bmatrix} \underset{R_1 \leftrightarrow R_2}{\sim} \begin{bmatrix} 1 & 4 & 0 & 1 \\ 2 & 9 & 1 & 0 \end{bmatrix}$$
$$\underset{R_2-2(R_1)}{\sim} \begin{bmatrix} 1 & 4 & 0 & 1 \\ 0 & 1 & 1 & -2 \end{bmatrix} \underset{R_1-4(R_2)}{\sim} \begin{bmatrix} 1 & 0 & -4 & 9 \\ 0 & 1 & 1 & -2 \end{bmatrix}$$

즉, $A^{-1}=\begin{bmatrix} -4 & 9 \\ 1 & -2 \end{bmatrix}$

$$\therefore\ \begin{bmatrix} x \\ y \end{bmatrix}=\begin{bmatrix} -4 & 9 \\ 1 & -2 \end{bmatrix}\begin{bmatrix} -5 \\ 7 \end{bmatrix}=\begin{bmatrix} 83 \\ -19 \end{bmatrix}$$

4. 역행렬 (II)

가우스-조르단 소거법을 이용하여 기본행연산에 의한 역행렬 계산법을 앞에서 소개하였다. 여기서는 행렬식을 이용하여 역행렬을 계산하는 방법을 생각해 보기로 한다.

정의 5

여인수

행렬 $A=[a_{ij}]$의 행렬식에 대한 다음과 같은 D_{ij}를 a_{ij}의 여인수(cofactor)라고 부른다.

$$D_{ij} = (-1)^{i+j}|A_{ij}|$$

행렬의 제 i행, 또는 j열에 대한 행렬식전개를 여인수로 표시하면 다음과 같다.

$$|A| = a_{i1}D_{i1} + a_{i2}D_{i2} + \cdots + a_{in}D_{in}$$

$$|A| = a_{1j}D_{1j} + a_{2j}D_{2j} + \cdots + a_{nj}D_{nj}$$

행렬의 여인수에 의한 행렬식전개는 다음의 성질을 갖는다.

정리 9

행렬식 $|A| = |a_{ij}|$에 있어서의 a_{ij}의 여인수를 D_{ij}라고 하면

$$a_{i1}D_{j1} + a_{i2}D_{j2} + \cdots + a_{in}D_{jn} = \begin{cases} |A| & (i = j) \\ 0 & (i \neq j) \end{cases}$$

$$a_{1i}D_{1j} + a_{2i}D_{2j} + \cdots + a_{ni}D_{nj} = \begin{cases} |A| & (i = j) \\ 0 & (i \neq j) \end{cases}$$

증명 $i = j$일 때는 여인수에 의한 행렬식전개에 의하여 분명하다. 만약 $i \neq j$이면 행렬 $A = [a_{ij}]$의 제 j행벡터 대신에 제 i행벡터를 넣은 행렬을 생각해 보자. 즉,

$$
\begin{matrix} \\ \\ i\text{행} & \rightarrow \\ \\ j\text{행} & \rightarrow \\ \\ \\ \end{matrix}
\begin{bmatrix} a_{11} & a_{12} & \cdots & a_{1n} \\ \cdots & \cdots & \cdots & \cdots \\ a_{i1} & a_{i2} & \cdots & a_{in} \\ \cdots & \cdots & \cdots & \cdots \\ a_{i1} & a_{i2} & \cdots & a_{in} \\ \cdots & \cdots & \cdots & \cdots \\ a_{n1} & a_{n2} & \cdots & a_{nn} \end{bmatrix}
$$

이 행렬은 두 행이 같으므로 행렬식이 0 이다. 따라서, 이 행렬의 제 j행에 대한 행렬식전개를 하면 다음과 같다.

$$a_{i1}D_{j1} + a_{i2}D_{j2} + \cdots + a_{in}D_{jn} = 0$$

열에 대해서도 같은 방법으로 증명할 수 있다.

이 정리에 의하여 정칙행렬의 역행렬을 구할 수 있다.

정리 10

역행렬

정칙행렬 A 에 대하여, 역행렬은 다음과 같다.

$$A^{-1} = \frac{1}{|A|}\begin{bmatrix} D_{11} & D_{21} & \cdots & D_{n1} \\ D_{12} & D_{22} & \cdots & D_{n2} \\ \cdots & \cdots & \cdots & \cdots \\ D_{1n} & D_{2n} & \cdots & D_{nn} \end{bmatrix}$$

예 11 여인수를 이용하여 다음 행렬의 역행렬을 구하라.

$$A = \begin{bmatrix} 1 & 0 & 3 \\ 2 & 4 & 1 \\ 1 & 3 & 0 \end{bmatrix}$$

풀이.

$$|D_{11}| = \begin{vmatrix} 4 & 1 \\ 3 & 0 \end{vmatrix} = -3,\ |D_{21}| = -\begin{vmatrix} 0 & 3 \\ 3 & 0 \end{vmatrix} = 9,\ |D_{31}| = \begin{vmatrix} 0 & 3 \\ 4 & 1 \end{vmatrix} = -12$$

$$|D_{12}| = -\begin{vmatrix} 2 & 1 \\ 1 & 0 \end{vmatrix} = 1,\ |D_{22}| = \begin{vmatrix} 1 & 3 \\ 1 & 0 \end{vmatrix} = -3,\ |D_{32}| = -\begin{vmatrix} 1 & 3 \\ 2 & 1 \end{vmatrix} = 5$$

$$|D_{13}| = \begin{vmatrix} 2 & 4 \\ 1 & 3 \end{vmatrix} = 2,\ |D_{23}| = -\begin{vmatrix} 1 & 0 \\ 1 & 3 \end{vmatrix} = -3,\ |D_{33}| = \begin{vmatrix} 1 & 0 \\ 2 & 4 \end{vmatrix} = 4$$

$|A| = 3$ 이므로 역행렬은 다음과 같다.

$$A^{-1} = \frac{1}{|A|}\begin{bmatrix} D_{11} & D_{21} & D_{31} \\ D_{12} & D_{22} & D_{32} \\ D_{13} & D_{23} & D_{33} \end{bmatrix} = \begin{bmatrix} -1 & 3 & -4 \\ \frac{1}{3} & -1 & \frac{5}{3} \\ \frac{2}{3} & -1 & \frac{4}{3} \end{bmatrix}$$

연습문제 8장

1. 행렬 $A=\begin{bmatrix} 1 & 2 \\ 3 & 4 \end{bmatrix}$ 에 대하여, $CA=I$를 만족하는 행렬 C를 구하라.

2. 문제1을 이용하여 행렬 $A=\begin{bmatrix} 1 & 2 \\ 3 & 4 \end{bmatrix}$ 을 계수행렬로 하는 다음의 연립방정식의 해를 구하라.

$$\begin{cases} x+2y &= 1 \\ 3x+4y &= 2 \end{cases}$$

3. 행렬 $A=\begin{bmatrix} 1 & t \\ t & 2 \end{bmatrix}$ 가 특이행렬이기 위한 t의 값을 구하라.

4. 선형변환 $F(x, y)=(x+y, x-y)$ 의 역선형변환을 구하라.

5. 단위행렬 I_3에 다음의 각 기본행연산을 적용한 기본행렬을 구하라.

   (1) $3R_2$ (2) $R_1 \leftrightarrow R_3$ (3) $R_1 := R_2+2R_3$

6. 다음의 각 기본행렬에 대응하는 기본행연산을 찾아라.

   (1) $\begin{bmatrix} 3 & 0 \\ 0 & 1 \end{bmatrix}$ (2) $\begin{bmatrix} 0 & 0 & 0 & 1 \\ 0 & 1 & 0 & 1 \\ 0 & 0 & 1 & 0 \\ 1 & 0 & 0 & 0 \end{bmatrix}$ (3) $\begin{bmatrix} 1 & 0 & 0 \\ 0 & 1 & 0 \\ 0 & 4 & 1 \end{bmatrix}$

7. 행렬 $A=\begin{bmatrix} 1 & 2 & 3 \\ 2 & 5 & 3 \\ 1 & 0 & 8 \end{bmatrix}$ 에 대하여 다음을 만족하는 정방행렬 U를 구하라.

$$UA \ : \text{상삼각행렬}$$

8. 문제 6의 기본행렬들 각각의 역행렬을 구하라.

9. $A=\begin{bmatrix} 1 & 2 \\ 3 & 4 \end{bmatrix}$ 일 때, A^{-1}을 구하고 $A+aA^{-1}=bI$가 되는 상수 a, b를 구하라.

10. 가우스-조르단 소거법을 이용하여 다음 행렬들의 역행렬을 각각 구하라.

(1) $\begin{bmatrix} 4 & 1 \\ 3 & 2 \end{bmatrix}$ (2) $\begin{bmatrix} 4 & 2 & 1 \\ 0 & 3 & 4 \\ -1 & 1 & 3 \end{bmatrix}$ (3) $\begin{bmatrix} 1 & 0 & 3 \\ 2 & 1 & 5 \\ -7 & 2 & 1 \end{bmatrix}$

11. 아래의 $AX=B$ 형태에서 A^{-1}을 구하고, $\begin{bmatrix} x \\ y \end{bmatrix}$ 또는 $\begin{bmatrix} x \\ y \\ z \end{bmatrix}$를 구하라.

(1) $\begin{bmatrix} 6 & 3 \\ 5 & 2 \end{bmatrix}\begin{bmatrix} x \\ y \end{bmatrix}=\begin{bmatrix} 12 \\ 9 \end{bmatrix}$ (2) $\begin{bmatrix} 2 & -1 \\ 3 & 2 \end{bmatrix}\begin{bmatrix} x \\ y \end{bmatrix}=\begin{bmatrix} -4 \\ 1 \end{bmatrix}$

(3) $\begin{bmatrix} 4 & 1 & 3 \\ 2 & -1 & 4 \\ 0 & 1 & 5 \end{bmatrix}\begin{bmatrix} x \\ y \\ z \end{bmatrix}=\begin{bmatrix} 15 \\ 12 \\ 17 \end{bmatrix}$ (4) $\begin{bmatrix} 4 & 1 & 3 \\ 2 & -1 & 4 \\ 0 & 1 & 5 \end{bmatrix}\begin{bmatrix} x \\ y \\ z \end{bmatrix}=\begin{bmatrix} 0 \\ 0 \\ 0 \end{bmatrix}$

12. $A=\begin{bmatrix} 3 & 7 & 6 \\ -2 & 1 & 0 \\ 4 & 2 & -5 \end{bmatrix}$ 일 때,

(1) $|A|$ 를 구하라.

(2) 2열의 각 원소 $-2, 1, 0$ 의 여인수(cofactor)를 구하라.

(3) 2열의 여인수를 이용하여 역행렬을 계산하라.

연습문제해답

1장 벡터공간

3. $w=\frac{1}{2}(u+v)$

4. $3e_1+3e_2+2e_3$

5. (1) -70 (2) $4\sqrt{2}$ (3) 0

6. (1) 180° (2) 0°

7. $\left[\frac{3}{\sqrt{50}}, -\frac{4}{\sqrt{50}}, \frac{5}{\sqrt{50}}\right]$, $\left[-\frac{3}{\sqrt{2}}, \frac{4}{\sqrt{2}}, -\frac{5}{\sqrt{2}}\right]$

8. $\frac{3}{35}[-1,5,3]=\frac{3}{35}u$

9. (1) $[1,-2,3]$ (2) $[1,-1,0]$ (3) 25 (4) $[14,-11,-9]$

10. $\pm[-14,-2,6]$

11. $\sqrt{146}$

12. $\frac{9}{2}\sqrt{2}$

2장 벡터공간의 좌표변환

1. $\left[-\frac{1}{2}, \frac{5}{2}\right]$

2. $\left[-\frac{3}{2}, -\frac{1}{2}, 3\right]$

3. (1), (3), (5) : 일차독립 , (2), (4) : 일차종속

5. $t\neq 0$, $t\neq \pm\sqrt{2}$

6. (1) $\left[\frac{3}{4}, -\frac{1}{4}\right]$ (2) $\left[\frac{1}{7}, \frac{5}{7}\right]$

7. (1) $\left[1, 1, \frac{1}{3}\right]$ (2) $[0,1,1]$

8. (1) $\left[\frac{6}{\sqrt{3}}, \frac{3}{\sqrt{6}}, \frac{1}{\sqrt{2}}\right]$ (2) $\left[0, -\frac{6}{\sqrt{6}}, \frac{4}{\sqrt{2}}\right]$

3장 행렬

2. $A^2=\begin{bmatrix} 18 & 14 \\ 7 & 11 \end{bmatrix}$, $A^3=\begin{bmatrix} 76 & 78 \\ 39 & 47 \end{bmatrix}$

5. $\begin{bmatrix} 9 & \frac{7}{2} \\ \frac{7}{2} & 2 \end{bmatrix}+\begin{bmatrix} 0 & \frac{1}{2} \\ -\frac{1}{2} & 0 \end{bmatrix}$

6. (1) 12 (2) 0 (3) 3 (4) 5

4장 선형변환

1. (2) [3,2]

2. (2) 함수 $L(x, y)=(x+2y, 3x+4y)$, (3) 행렬 $\begin{bmatrix} 1 & 2 \\ 3 & 4 \end{bmatrix}$

3. 행렬 $\begin{bmatrix} 2 & -1 \\ 1 & 3 \\ 1 & 1 \end{bmatrix}$

4. $G(x, y, z)=(x+2y+z, x+2y+3z, 3x-y+4z)$

5. (1) 함수 $(2F)(x, y)=(4x-2y, 2x+6y, 2x+2y)$, $2F$의 행렬 $\begin{bmatrix} 4 & -2 \\ 2 & 6 \\ 2 & 2 \end{bmatrix}$

   (2) 함수 $(G\circ F)(x, y)=(5x+6y, 7x+8y, 9x-2y)$, $G\circ F$의 행렬 $\begin{bmatrix} 5 & 6 \\ 7 & 8 \\ 9 & -2 \end{bmatrix}$

6. $b=0$

7. (2) 함수 $L(x, y, z)=(-3y+2z, 3x-z, -2x+y)$, (3) 행렬 $\begin{bmatrix} 0 & -3 & 2 \\ 3 & 0 & -1 \\ -2 & 1 & 0 \end{bmatrix}$

5장 선형변환과 연립일차방정식

1. (3) $x=3$, $y=-2$, $z=1$

2. 유일한 해가 존재할 경우 : ±4를 제외한 실수 ,
   무수히 많은 해가 존재할 경우 : $a=4$,
   해가 존재하지 않는 경우 : $a=-4$

3. $\begin{bmatrix} 1 & 3 \\ 0 & 1 \end{bmatrix}$, $\begin{bmatrix} 1 & 0 \\ 0 & 1 \end{bmatrix}$

4. (1) $x=7, y=-6$ (2) $x=3, y=-5, z=2$ (3) $x=1-c, y=2c, z=c$
(4) 해가 존재하지 않는다.

5. 가우스 행렬 : (4), (6) / 기약 가우스 행렬 : (1), (3), (6)

6. (1) 해가 존재하지 않는다. (2) $x=-4, y=2, z=7$ (3) $x=2, y=1, z=4$

7. $x=-c, y=c, z=0, u=0, w=0$

8. (1) $x=y=z=0$ (2) $x=y=z=w=0$

9. $c=2, 4$

6장 정방행렬의 선형변환

1. 행렬 $\begin{bmatrix} 0 & -1 \\ -1 & 0 \end{bmatrix}$, 함수 $L(x, y)=(-y, -x)$

2. 행렬 $\begin{bmatrix} -1 & 0 \\ 0 & -1 \end{bmatrix}$, 함수 $L(x, y)=(-x, -y)$

3. 행렬 $\begin{bmatrix} 2 & 0 \\ 0 & -2 \end{bmatrix}$, 함수 $L(x, y)=(2x, -2y)$

4. 행렬 $\begin{bmatrix} 0 & -1 & 0 \\ -1 & 0 & 0 \\ 0 & 0 & 1 \end{bmatrix}$, 함수 $L(x, y, z)=(-y, -x, z)$

5. 행렬 $\begin{bmatrix} -1 & 0 & 0 \\ 0 & -1 & 0 \\ 0 & 0 & -1 \end{bmatrix}$, 함수 $L(x, y, z)=(-x, -y, -z)$

6. 행렬 $\begin{bmatrix} 0 & 1 \\ 1 & 0 \end{bmatrix}$, 함수 $L(x, y)=(y, x)$

7. 행렬 $\begin{bmatrix} 0 & 1 & 0 \\ 1 & 0 & 0 \\ 0 & 0 & -1 \end{bmatrix}$, 함수 $L(x, y, z)=(y, x, -z)$

8. 행렬 $\begin{bmatrix} -\cos\Theta & \sin\Theta \\ -\sin\Theta & -\cos\Theta \end{bmatrix}$, 함수 $L(x, y)=(-x\cos\Theta+y\sin\Theta, -x\sin\Theta-y\cos\Theta)$

9. 행렬 $\begin{bmatrix} -\cos\Theta & \sin\Theta & 0 \\ -\sin\Theta & -\cos\Theta & 0 \\ 0 & 0 & -1 \end{bmatrix}$,
함수 $L(x, y, z)=(-x\cos\Theta+y\sin\Theta, -x\sin\Theta-y\cos\Theta, -z)$

10. (1) 음의 방향성 (2) 양의 방향성

11. (1), (3), (4) : 양의 방향성, (2) 음의 방향성

12. 음의 방향성, 1배

13. 양의 방향성, 1배

14. (1) 양의 방향성 , 2배 (2) 음의 방향성 , 5배
15. 음의 방향성 , 1배
16. 음의 방향성 , 1배
17. (1) 양의 방향성 , 8배 (2) 음의 방향성 , 1배

7장 행렬식

1. -1
2. -1
3. -1
4. (1) 1 (2) 55 (3) 39
5. (1) 0 (2) 60 (3) -116
7. (1) ① 고유값 : 1 → 고유벡터 : $\begin{bmatrix} \alpha \\ 0 \end{bmatrix}$ ② 고유값 : 2 → 고유벡터 : $\begin{bmatrix} 0 \\ \beta \end{bmatrix}$

   (2) ① 고유값 : -1 → 고유벡터 : $\begin{bmatrix} \alpha \\ -\alpha \end{bmatrix}$ ② 고유값 : 4 → 고유벡터 : $\begin{bmatrix} \beta \\ \frac{3}{2}\beta \end{bmatrix}$

   (3) 고유값 : 2 → 고유벡터 : $\begin{bmatrix} \alpha \\ 0 \\ \beta \end{bmatrix}$

   (4) ① 고유값 : -2 → 고유벡터 : $\begin{bmatrix} \alpha-\beta \\ \alpha \\ \beta \end{bmatrix}$ ② 고유값 : 4 → 고유벡터 : $\begin{bmatrix} \gamma \\ \gamma \\ 2\gamma \end{bmatrix}$

8장 역선형변환과 역행렬

1. $\begin{bmatrix} 2 & -1 \\ -\frac{3}{2} & \frac{1}{2} \end{bmatrix}$
2. $x=0$, $y=\frac{1}{2}$
3. $t=\pm\sqrt{2}$
4. $F^{-1}(x, y)=\left(\frac{1}{2}x+\frac{1}{2}y, \frac{1}{2}x-\frac{1}{2}y\right)$
5. (1) $\begin{bmatrix} 1 & 0 & 0 \\ 0 & 3 & 0 \\ 0 & 0 & 1 \end{bmatrix}$ (2) $\begin{bmatrix} 0 & 0 & 1 \\ 0 & 1 & 0 \\ 1 & 0 & 0 \end{bmatrix}$ (3) $\begin{bmatrix} 1 & 1 & 2 \\ 0 & 1 & 0 \\ 0 & 0 & 1 \end{bmatrix}$
6. (1) $R_1 := 3R_1$ (2) $R_1 \leftrightarrow R_4$, $R_2 := R_2 + R_1$ (3) $R_3 := R_3 + 4R_1$

7. $\begin{bmatrix} 1 & 0 & 0 \\ -2 & 1 & 0 \\ -5 & 2 & 1 \end{bmatrix}$

8. (1) $\begin{bmatrix} \frac{1}{3} & 0 \\ 0 & 1 \end{bmatrix}$ (2) $\begin{bmatrix} 0 & 0 & 0 & 1 \\ 0 & 1 & 0 & -1 \\ 0 & 0 & 1 & 0 \\ 1 & 0 & 0 & 0 \end{bmatrix}$ (3) $\begin{bmatrix} 1 & 0 & 0 \\ 0 & 1 & 0 \\ 0 & -4 & 1 \end{bmatrix}$

9. $a=-2$, $b=5$

10. (1) $\begin{bmatrix} \frac{2}{5} & -\frac{1}{5} \\ -\frac{3}{5} & \frac{4}{5} \end{bmatrix}$ (2) $\begin{bmatrix} \frac{1}{3} & -\frac{1}{3} & \frac{1}{3} \\ -\frac{4}{15} & \frac{13}{15} & -\frac{16}{15} \\ \frac{1}{5} & -\frac{2}{5} & \frac{4}{5} \end{bmatrix}$ (3) $\begin{bmatrix} -\frac{3}{8} & \frac{1}{4} & -\frac{1}{8} \\ -\frac{37}{24} & \frac{11}{12} & \frac{1}{24} \\ \frac{11}{24} & -\frac{1}{12} & \frac{1}{24} \end{bmatrix}$

11. (1) $A^{-1}=\begin{bmatrix} -\frac{2}{3} & 1 \\ \frac{5}{3} & -2 \end{bmatrix}$, $x=1$, $y=2$ (2) $A^{-1}=\begin{bmatrix} \frac{2}{7} & \frac{1}{7} \\ -\frac{3}{7} & \frac{2}{7} \end{bmatrix}$, $x=-1$, $y=2$

(3) $A^{-1}=\begin{bmatrix} \frac{9}{40} & \frac{1}{20} & -\frac{7}{40} \\ \frac{1}{4} & -\frac{1}{2} & \frac{1}{4} \\ -\frac{1}{20} & \frac{1}{10} & \frac{3}{20} \end{bmatrix}$, $x=1$, $y=2$, $z=3$ (4) $x=0$, $y=0$, $z=0$

12. (1) -133 (2) 47, -39, 22 (3) $-\frac{1}{133}\begin{bmatrix} -5 & 47 & -6 \\ -10 & -39 & -12 \\ -8 & 22 & -17 \end{bmatrix}$

찾아보기